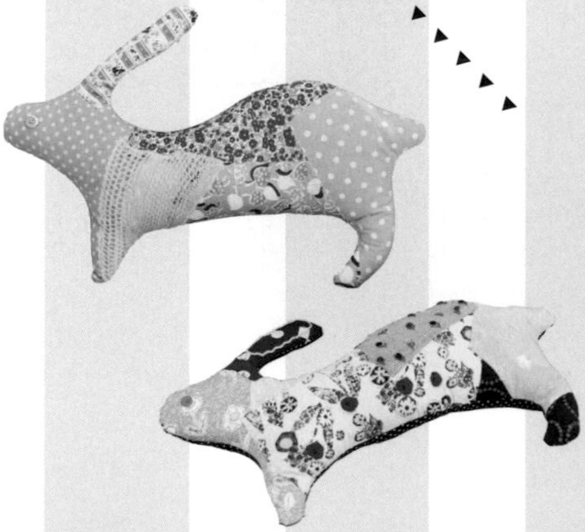

打開零碼布手作箱

簡單縫就可愛！

BOUTIQUE-SHA◎授權

introduction

你家裡也有剩餘的零碼布或碎布料嗎？

「雖然只剩一點點，但布料太美，捨不得扔……」

那就讓你喜愛的零碼布們，變身成可愛的布小物吧！

本書集齊多位手作家的創意作品，

有外出包、化妝包、房間裝飾物，及配戴的飾品，

你一定能從中找到燃起手作欲的心動品項。

請開心地賦予零碼布們新生命吧！

作品製作

CARDINAL https://www.instagram.com/cardinal04240704
Choco-Linge http://blog.goo.ne.jp/choco-linge
大河原夏子（nachic） https://www.instagram.com/nachic0202
猪俣友紀（neige＋） http://yunyuns.exblog.jp
midoriko https://www.instagram.com/midoriiiko
ハリノネズミ https://minne.com/@09160125
***Ajour** https://minne.com/@ajour
PieniSieni http://pienisieni.exblog.jp
樋口美根子（higmin） https://minne.com/@higmin
THE Lottatta https://minne.com/@thelottatta
https://www.instagram.com/lottatta
kazakka http://kazakka.jugem.jp
hey*flower http://heyflower.jp
majam35 https://minne.com/@35-design
主婦のミシン http://d.hatena.ne.jp/syuhunomisin
蘆田寛実 https://minne.com/@hiromikojika
komihinata http://blog.goo.ne.jp/komihinata
kekko https://minne.com/@tyakk-m
布あそぼ http://nunoasobi.x0.com
いがらし ありさ http://arisanblog.exblog.jp
pika pika*lapin
minekko
mami

CONTENTS

PART 1

布包&波奇包

扁平式的拼布波奇包

縫合色彩繽紛的布片，完成活潑輕快感的扁平波奇包。
在素色布片之間點綴上喜愛的圖案布，是讓成品更加出色的訣竅！

作法 P.4
設計・製作 CARDINAL

彈片口金的開闔相當輕鬆。

蓬軟的彈片口金化妝包

袋口抓皺，造型蓬軟可愛的化妝包。
中央為印花圖案，左右兩側則為素色布。
是足以放入手帕或少量化妝品的適中尺寸。

3

4

作法	P.5
設計・製作	Choco-Linge

P.2 1・2

原寸紙型A面

■ 材料（1個）

A布・B布（棉／麻・素色／圖案）…各5cm寬10cm
C布・E布・G布（棉／麻・素色／圖案）…各10cm寬10cm
D布（棉／麻・素色／圖案）…10cm寬15cm
F布（棉／麻・素色／圖案）…10cm寬5cm
H布（丹寧）…15cm寬15cm
I布（麻・素色）…40cm寬15cm
圓珠拉鍊（12cm）…1條
織帶（2cm寬）…5cm

紙型 ※需外加1cm縫份。 ○＝原寸紙型

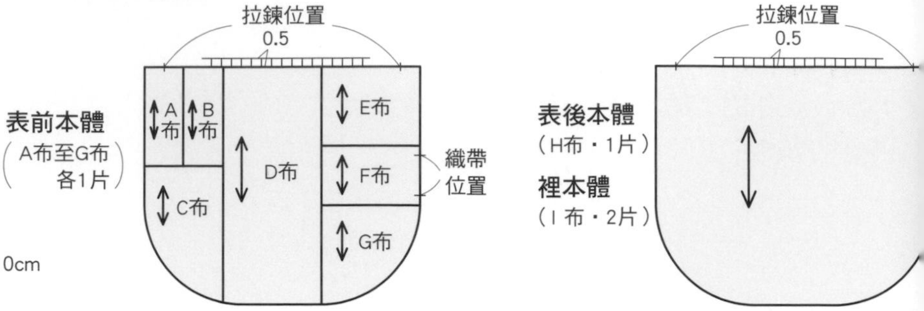

作法

1 依編號接縫

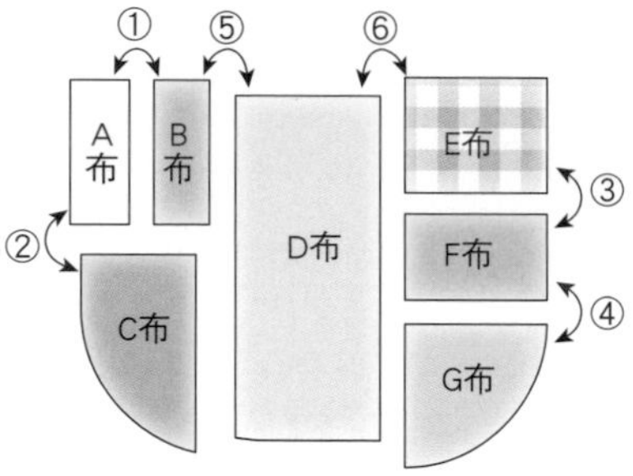

2 縫上織帶

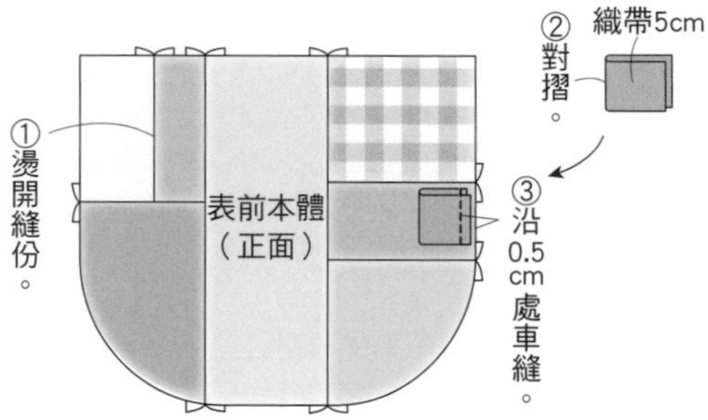

3 縫上拉鍊

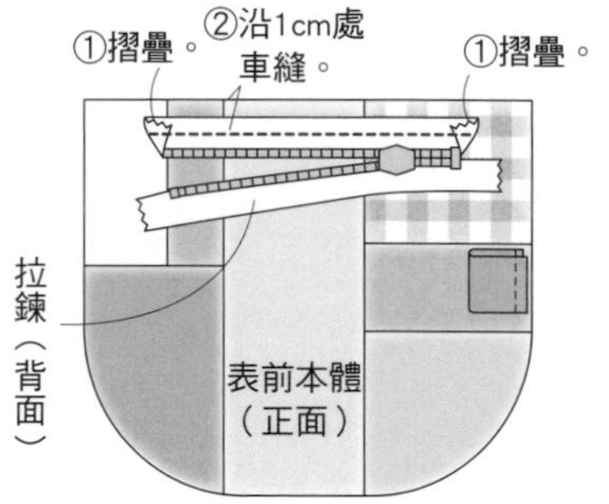

4 縫上裡本體

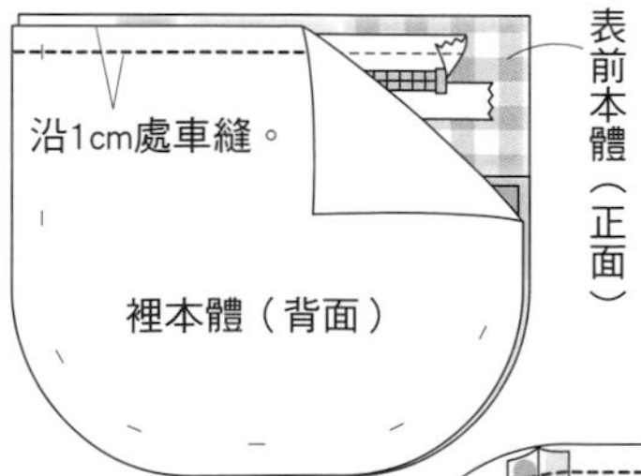

5 在另一側拉鍊布上，接縫表後本體＆裡本體

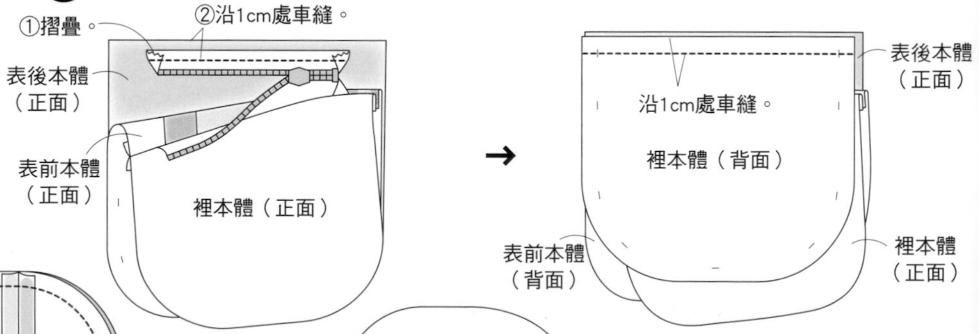

6 縫合周圍

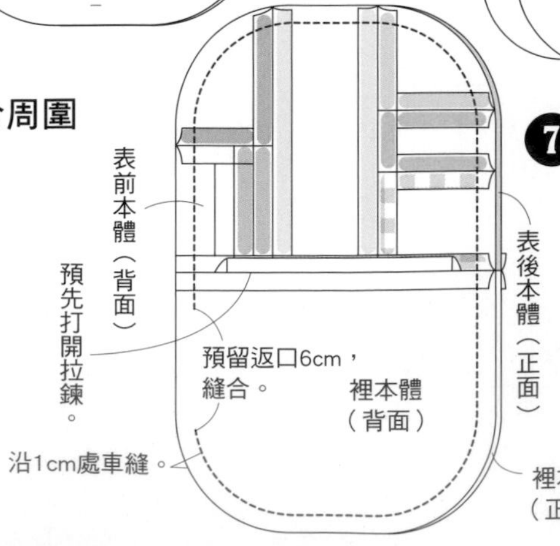

7 翻至正面

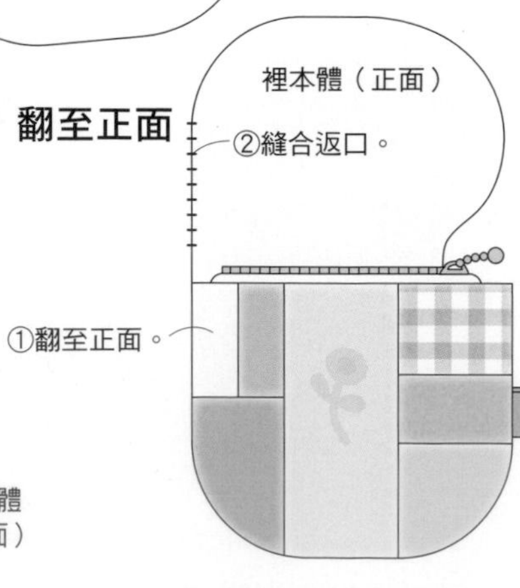

完成

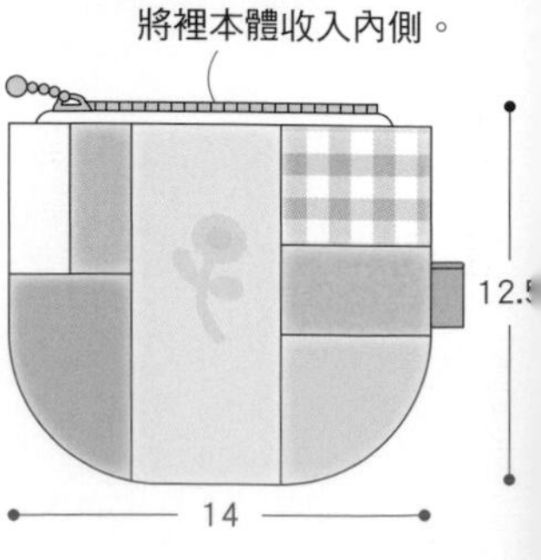

P.3 3・4

原寸紙型A面

■ 材料（1個）

A布（棉・圖案）…20cm寬40cm
B布（棉・素色）…25cm寬30cm
C布（棉・圖案）…30cm寬40cm
單膠鋪棉…30cm寬40cm
彈片口金（14cm）…1個

紙型・製圖 ※除指定處外，皆外加1cm縫份。 =原寸紙型

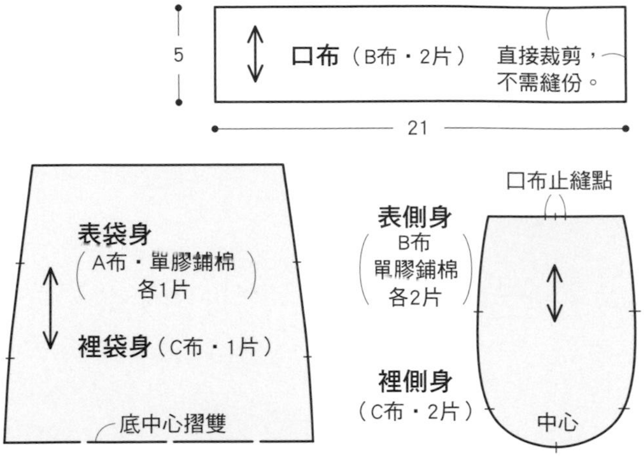

作法

❶ 貼上單膠鋪棉

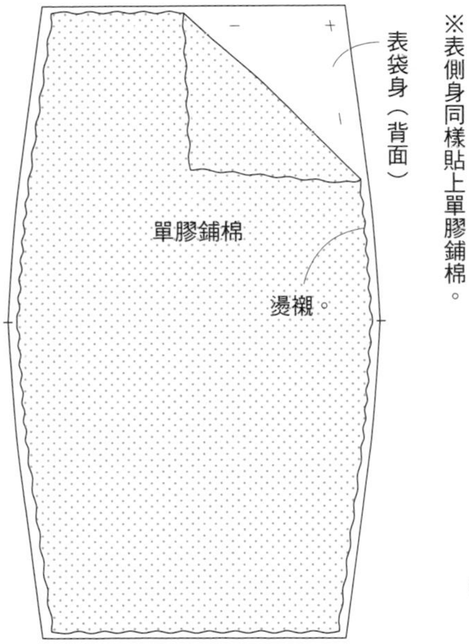

❷ 縫合表袋身＆表側身

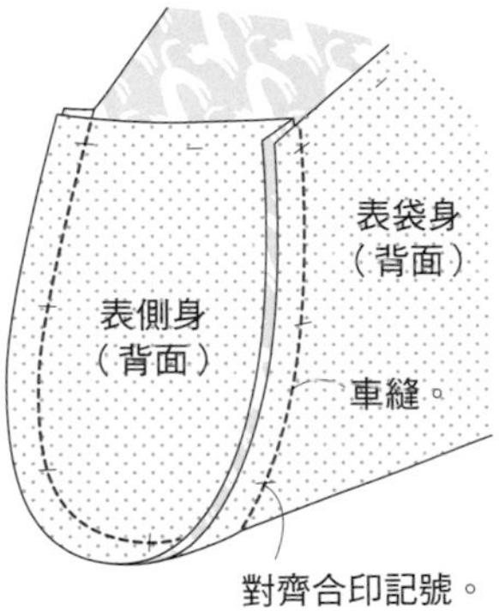

※另一側縫法亦同。

❸ 製作＆接縫口布

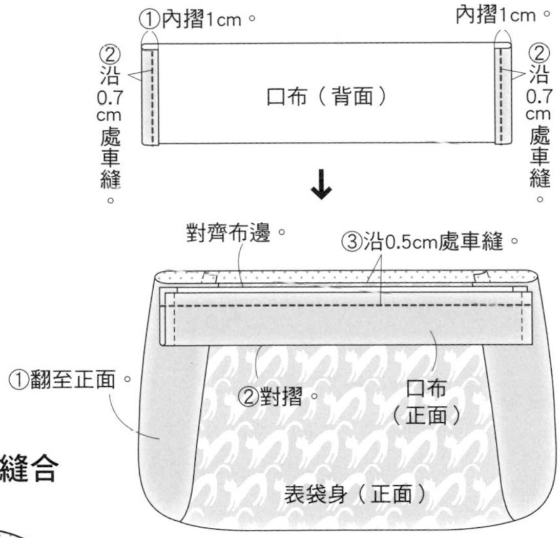

※另一側縫法亦同。

❺ 將表袋放入裡袋中＆縫合

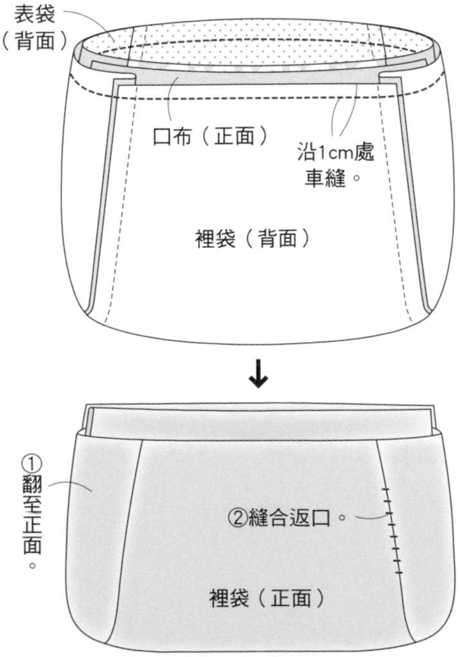

❹ 縫合裡袋身＆裡側身

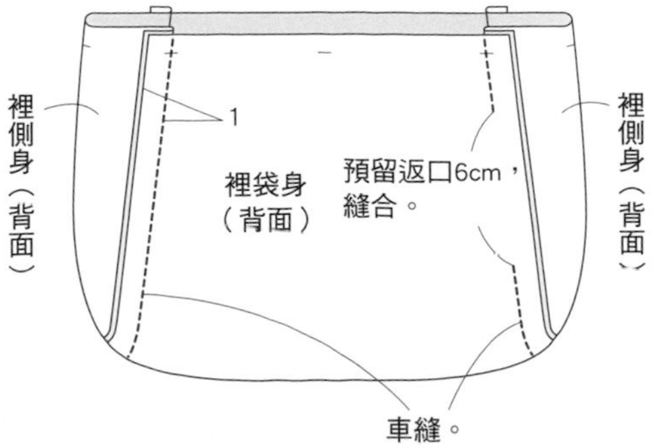

❻ 穿入彈片口金

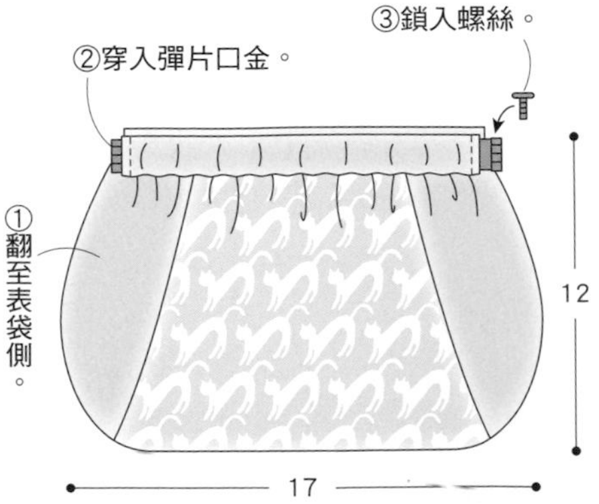

完成

小小的扁平提包

大膽搭配北歐風圖案布，
拼組出時髦美麗的扁平包。
布料接縫位置可依喜好自行調整。
簡單易作，是初學者也能輕鬆完成的設計。

作法	P.8
設計・製作	大河原夏子 (nachic)

8

拼布托特包

將小布片拼縫成袋身的大區塊圖案，
是製作大包包時的推薦應用作法。
巧妙搭配動物＆幾何圖案布，
即可呈現出設計感的風格花樣。

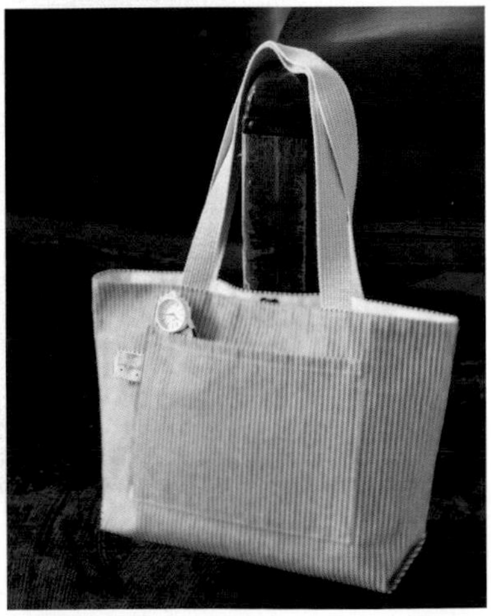

後側外口袋。

A4文件也能輕鬆放入，
並附有內口袋。

作法	P.9
設計・製作	ハリノネズミ

P.6 5至7

■ 5・7材料（1個）

A布（5／棉・圖案　7／麻・圖案）…40cm寬20cm
B布（5／棉・圖案　7／麻・素色）…20cm寬20cm
C布（5／棉・素色　7／麻・素色）…50cm寬20cm
D布（棉・素色）…15cm寬25cm
接著襯…15cm寬25cm

■ 6材料

A布（棉・圖案）…20cm寬40cm
B布（棉・圖案）…20cm寬20cm
C布（棉・素色）…50cm寬20cm
D布（棉・素色）…15cm寬25cm
接著襯…15cm寬25cm

製圖　※除指定處外，皆外加1cm縫份。

5・7

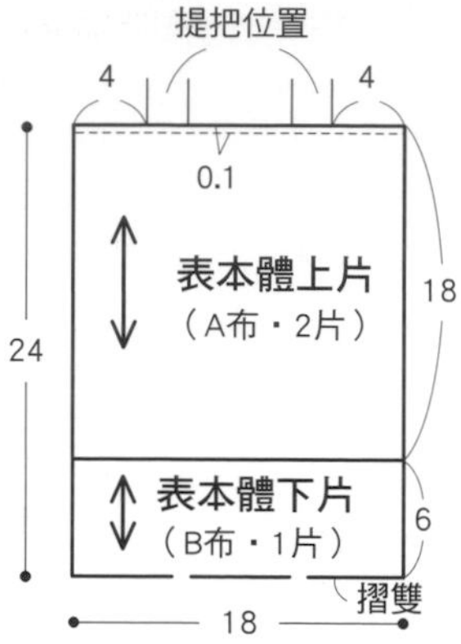

6

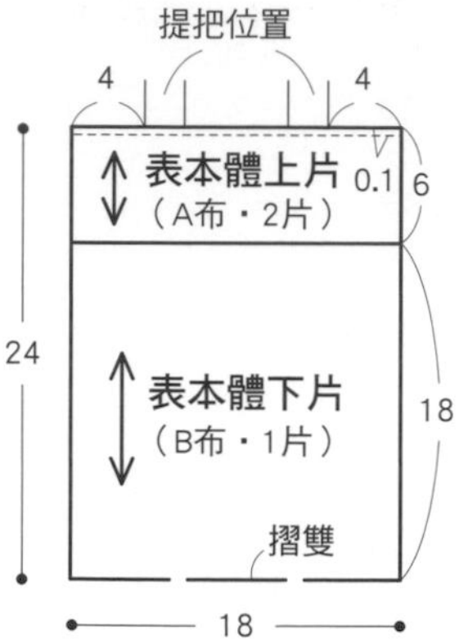

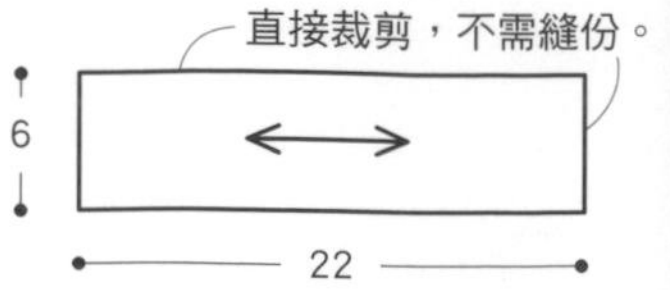

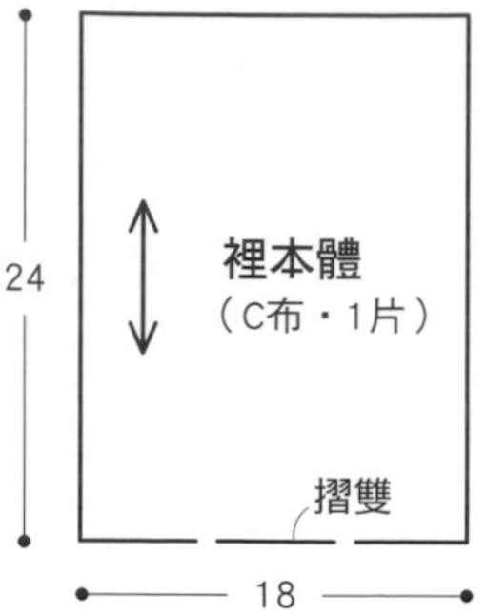

作法

1 接縫表本體上・下片

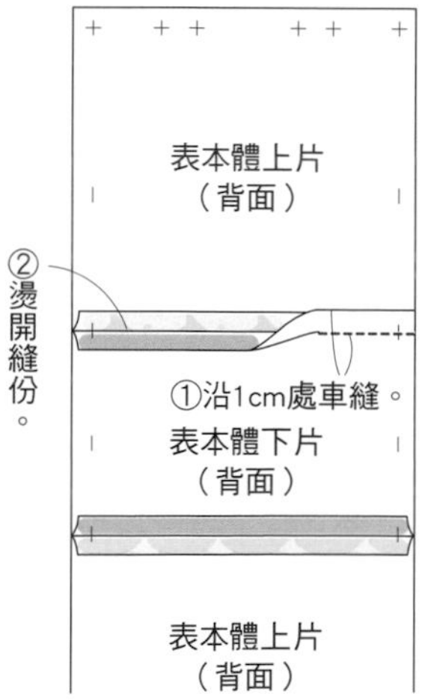

2 製作提把

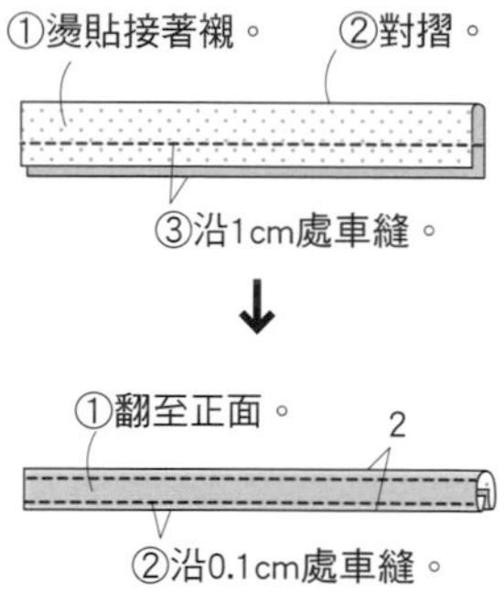

※製作2條。

3 接縫提把

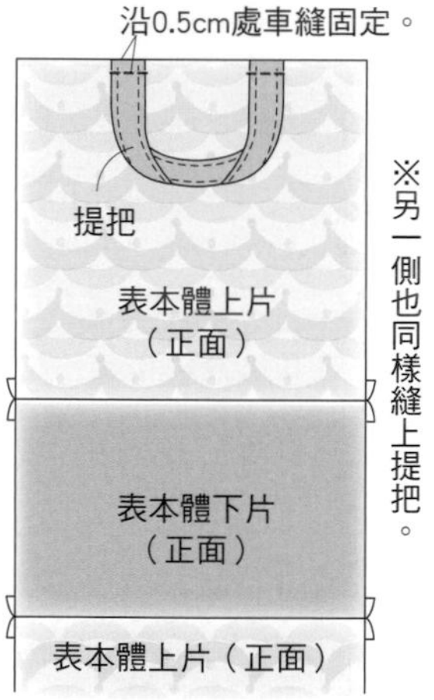

4 車縫脇邊

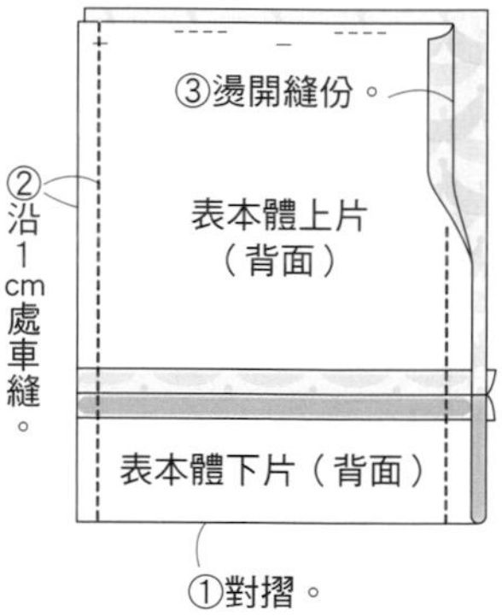

5 縫製裡本體

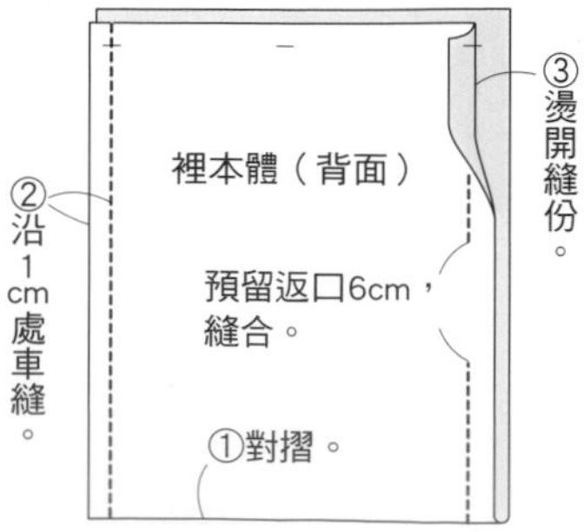

6 縫合袋口

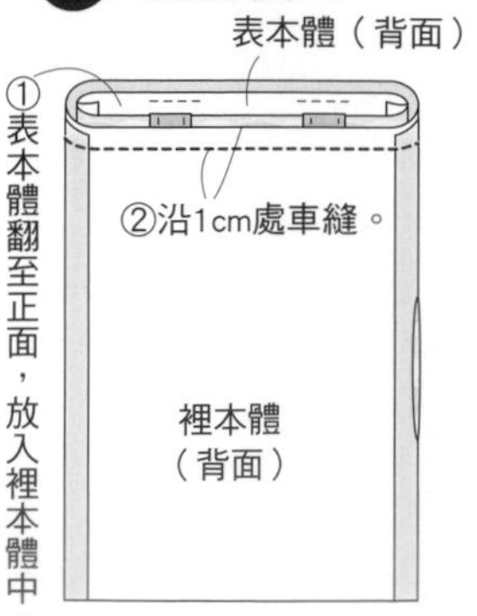

完成

5・7

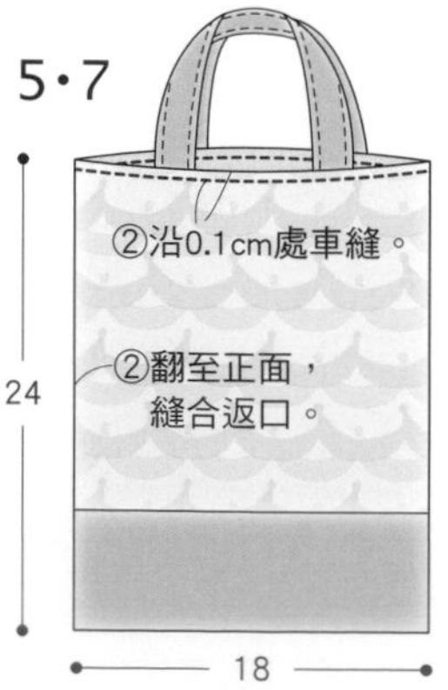

6

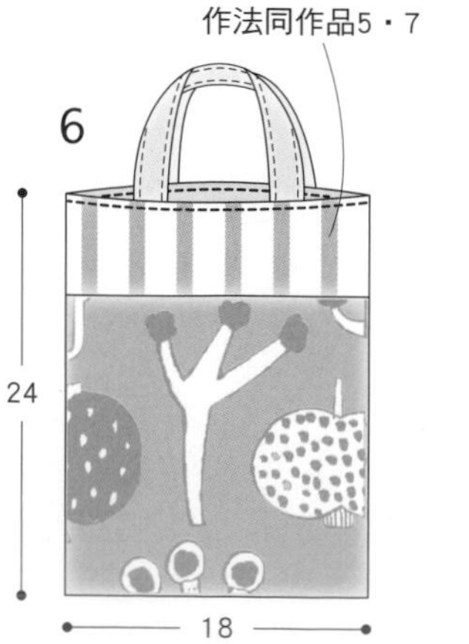

P.7 8

■ 材料

A布（斜紋襯衫布）…65cm寬60cm
B布（棉・圖案）…15種各15cm寬10cm
C布（棉・圖案）…2種各10cm寬10cm
D布（棉・素色）…40cm寬65cm
E布（棉麻・素色）…25cm寬20cm
壓克力棉織帶A（2.5cm寬）…110cm
壓克力棉織帶B（1.5cm寬）…6cm
布標（1.6cm寬）…7.5cm
鈕釦（1.4cm寬）…1個
磁釦（1.4cm）…1組

製圖 ※除指定處外，皆外加1cm縫份。

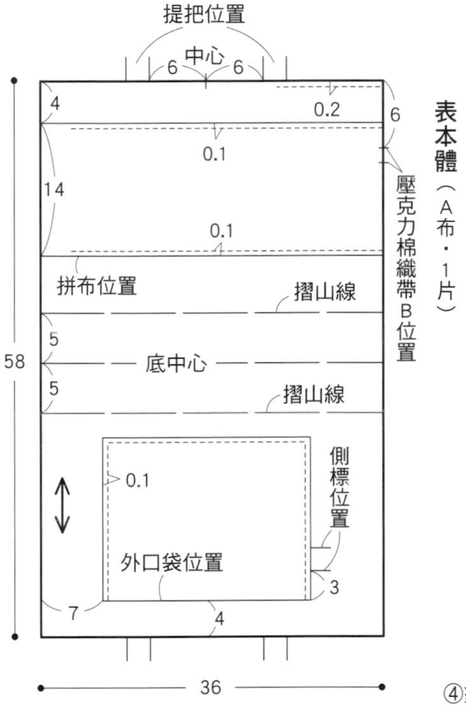

拼布（B布・15片）

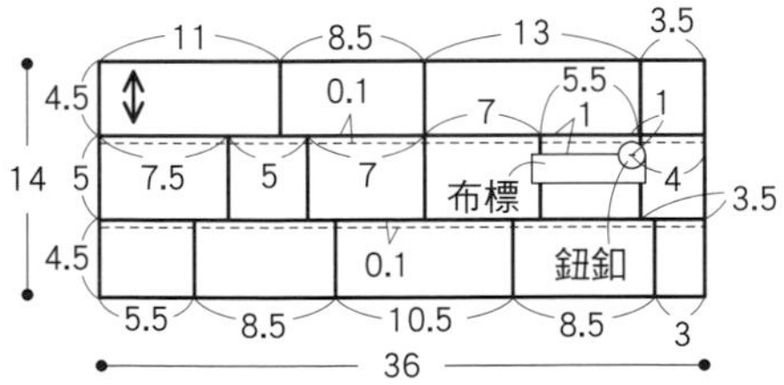

側標（C布・2片）

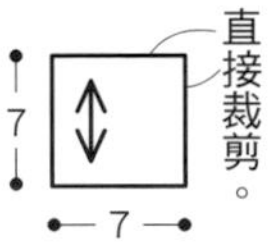

裡本體（D布・1片）

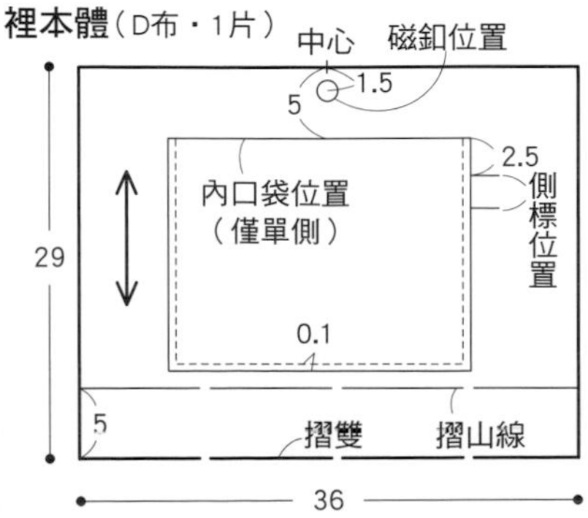

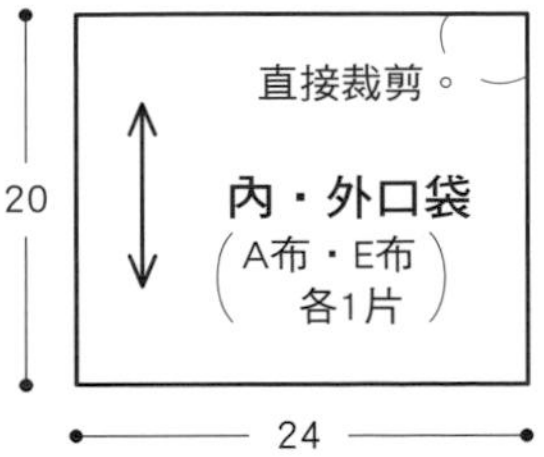

作法

❶ 進行拼布

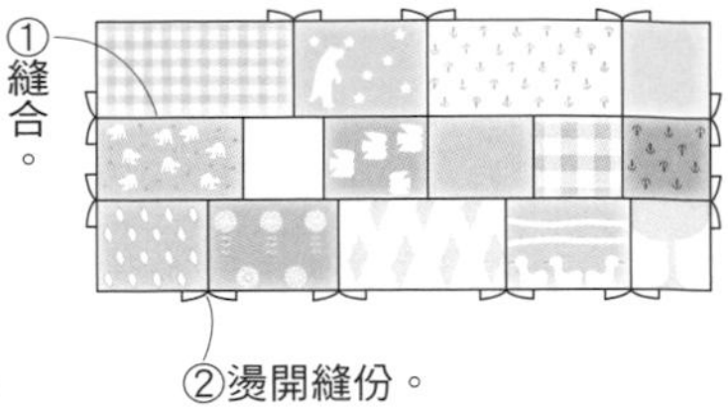

❷ 製作外口袋

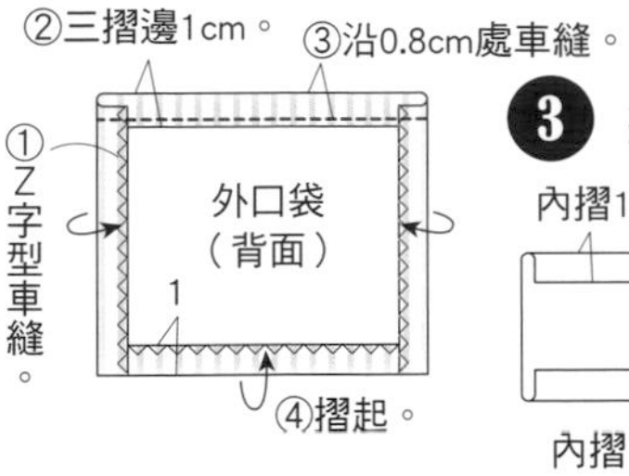

❸ 縫製側標

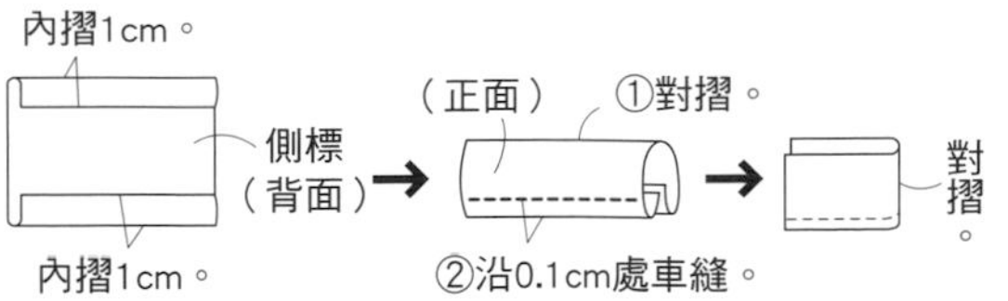

❹ 縫上拼布＆外口袋

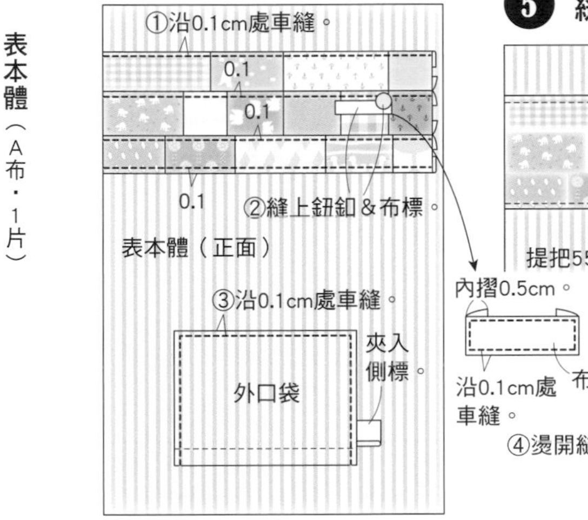

❺ 縫上提把

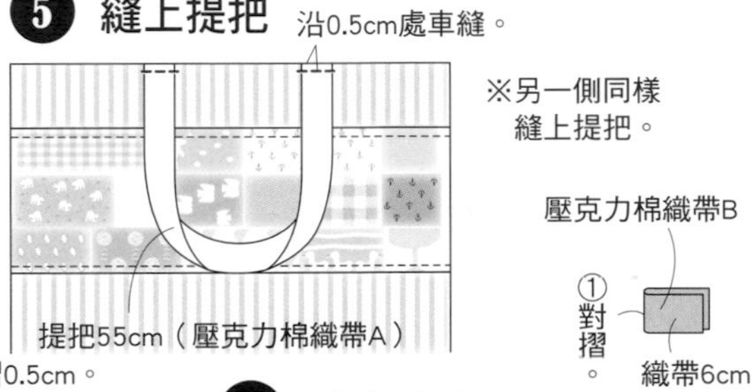

❻ 縫合脇邊

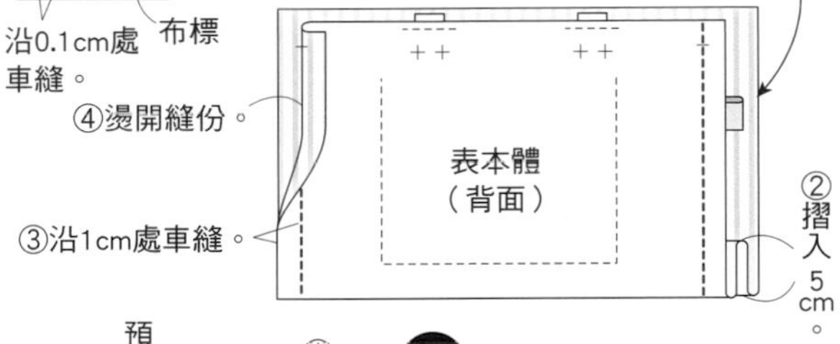

❼ 縫製裡本體

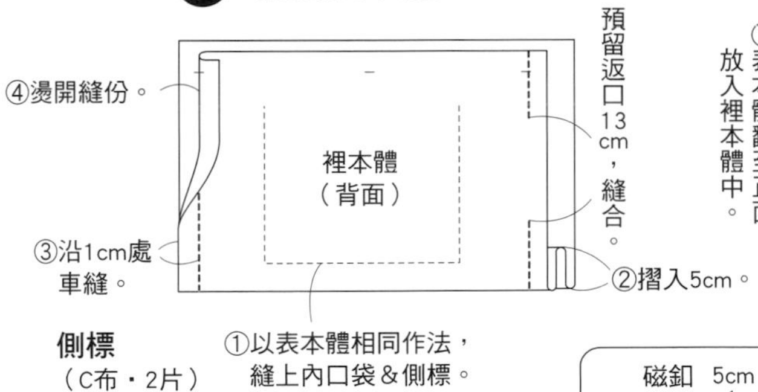

❽ 縫合袋口

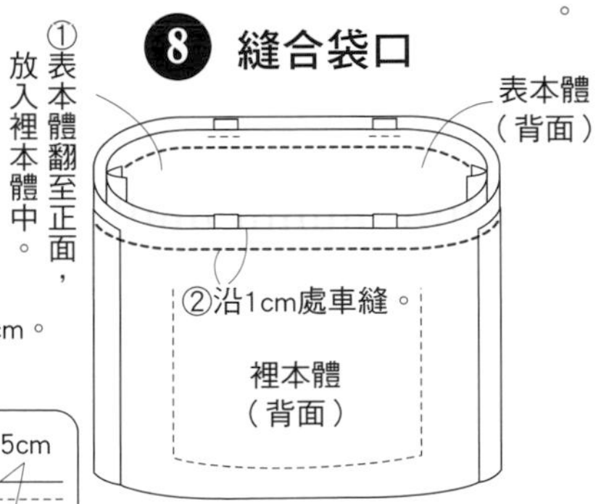

❾ 翻至正面

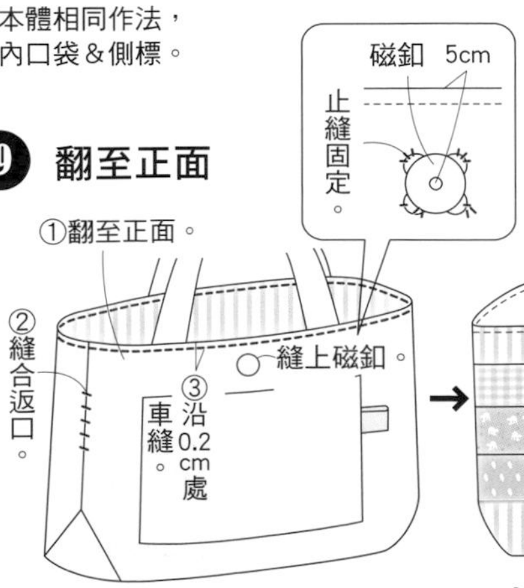

完成

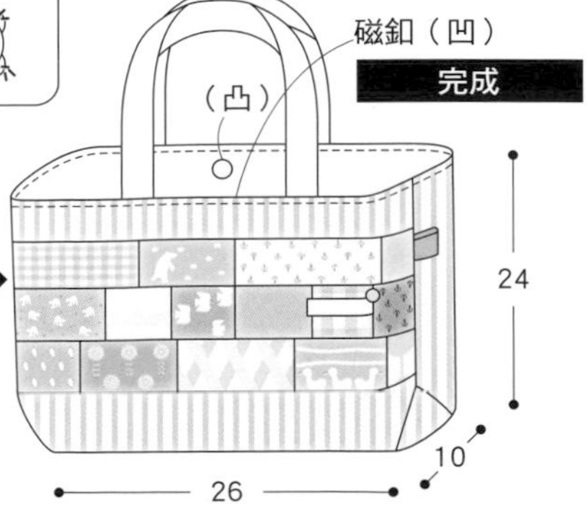

作法	P.11
設計・製作	猪俣友紀（neige＋）

輕巧手提包

印花布、蕾絲布、格紋布等，
將裁成細長條的零碼布排列拼縫成迷你提包，
是散步或到附近買東西都合適的尺寸。

9

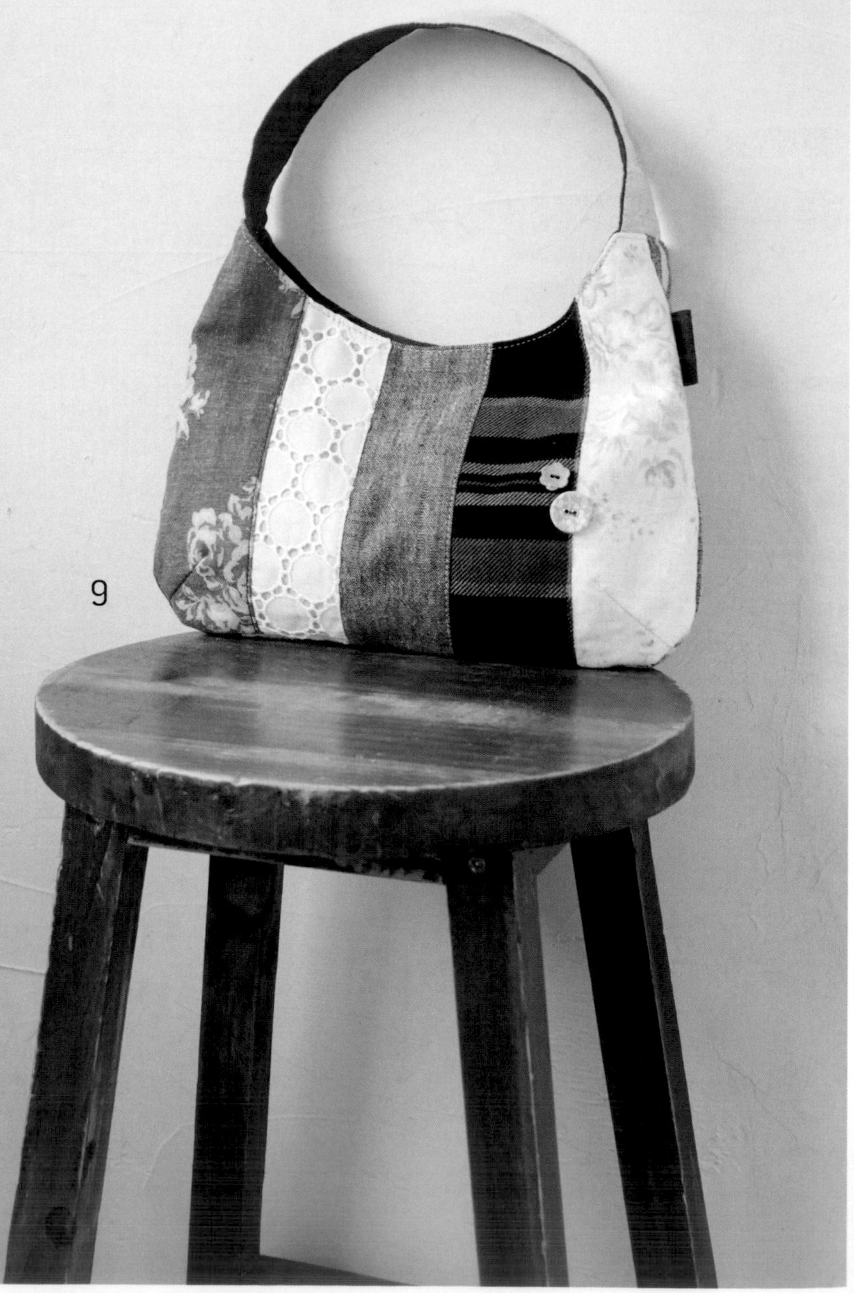

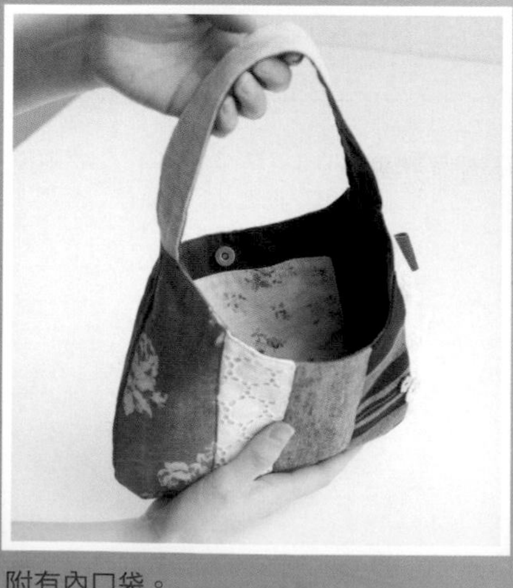

附有內口袋。

P.10 9

原寸紙型B面

■ 材料

A布・E布（棉／麻・圖案）…各20cm寬25cm
B布至D布（棉／麻・圖案／素色／蕾絲）
　　　…各15cm寬25cm
F布（麻・素色）…40cm寬50cm
G布（麻・素色）…10cm寬35cm
H布（棉・圖案）…40cm寬15cm
接著襯…3cm寬3cm
皮革（3.2cm寬）…5cm
插入式磁釦（1.4cm）…1組
鈕釦（1.4cm・1.8cm）…各1個

紙型・製圖　※除指定處外，皆外加1cm縫份。　◯＝原寸紙型

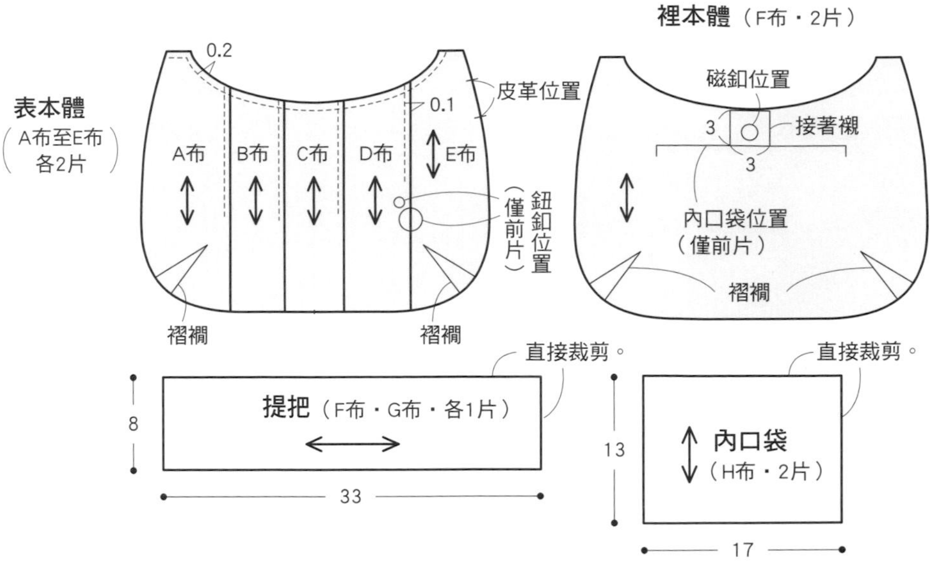

作法

1 製作2片表本體布，對齊後縫合

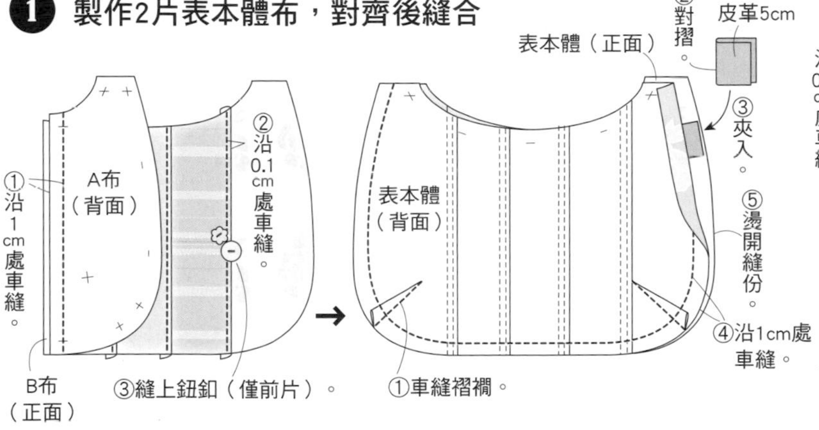

2 製作內口袋

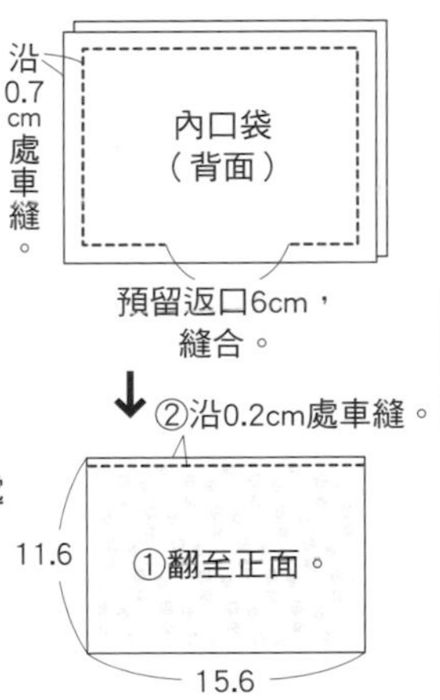

3 縫上內口袋

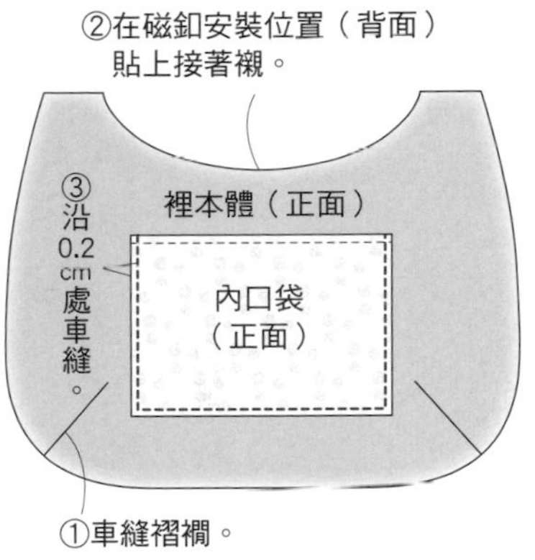

4 縫製裡本體

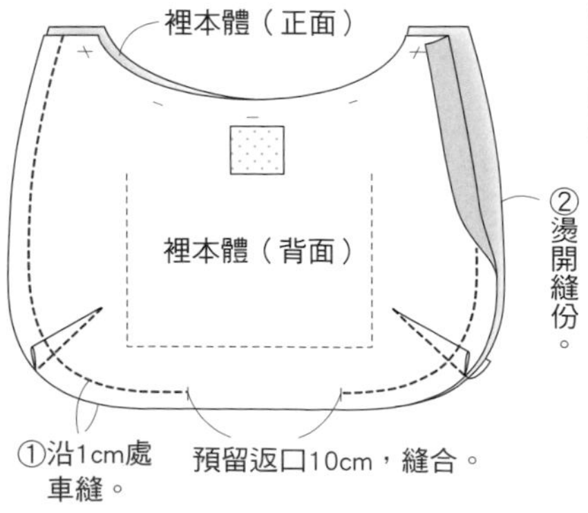

5 製作提把

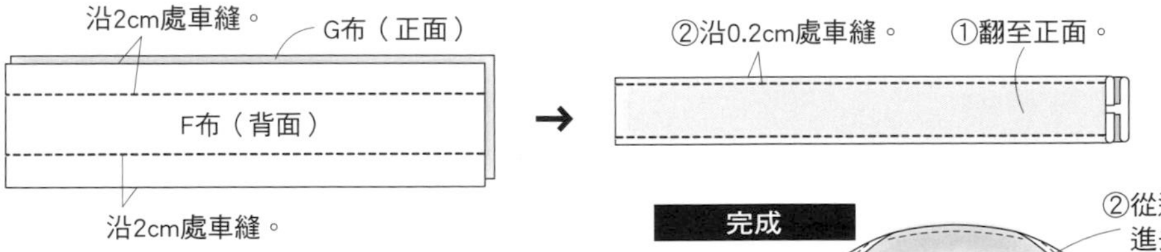

6 夾入提把＆縫合袋口

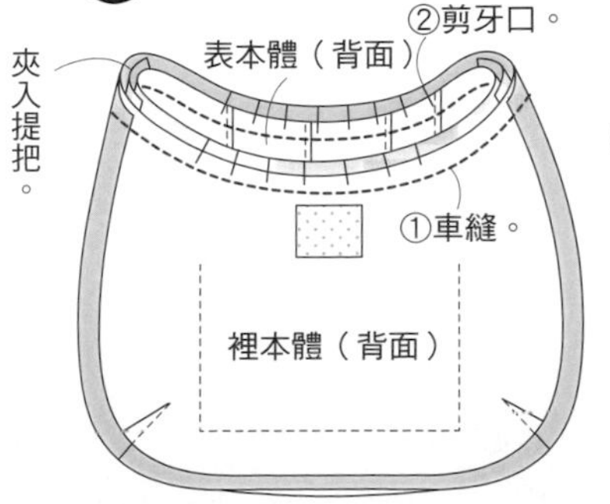

完成

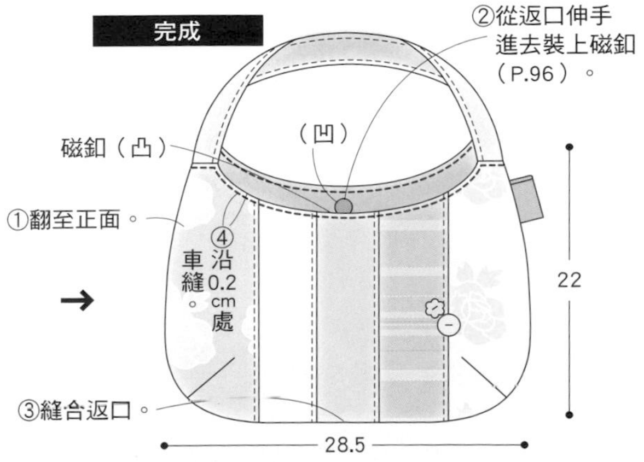

半圓形收納包

拿出珍藏許久的零碼布，製作半圓形的時髦收納包吧！
拉鍊頭的流蘇飾穗，為成品增添了些許的別緻設計感。

11

10

羊毛布、燈心絨、刺繡布等，
將各種質感的零碼布拼組在一起。

內側以滾邊條處理，
收邊的效果相當完美。

作法	P.14
設計・製作	midoriko

褶襉口金零錢包

以LIBERTY碎花布為視覺主布，
搭配直條紋及水玉點點，完成成熟又可愛的口金零錢包。
袋身加入褶襉，是圓滾滾包型的製作重點。
同色系配色，則是拼布搭配的不出錯法則！

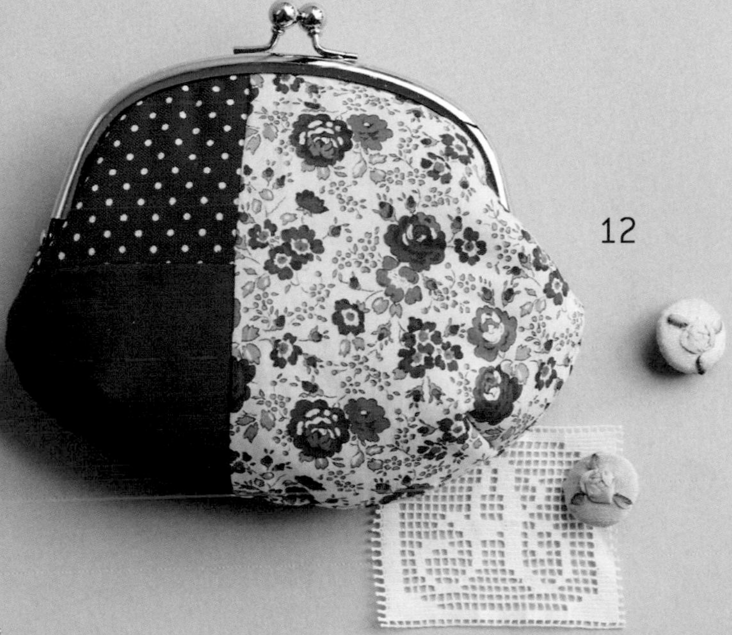

12

13

作法	P.15
設計・製作	Choco-Linge
口金提供	角田商店

P.12 10・11 原寸紙型A面

■ 材料（1個）

A布（10／棉・編織紋　11／羊毛・編織紋）…10cm寬15cm
B布（10／棉・蕾絲　11／羊毛・編織紋）…10cm寬10cm
C布（10／搖粒絨　11／羊毛・刺繡紋）…10cm寬10cm
D布（燈心絨）…15cm寬35cm
E布（棉・圖案）…30cm寬25cm
接著襯…30cm寬25cm
皮革（1.5cm寬）…10cm
對摺滾邊條（1.27cm寬）…90cm
流蘇（4cm）…1個
樹脂拉鍊（20cm）…1條

紙型・製圖　※皆外加1cm縫份。　○=原寸紙型

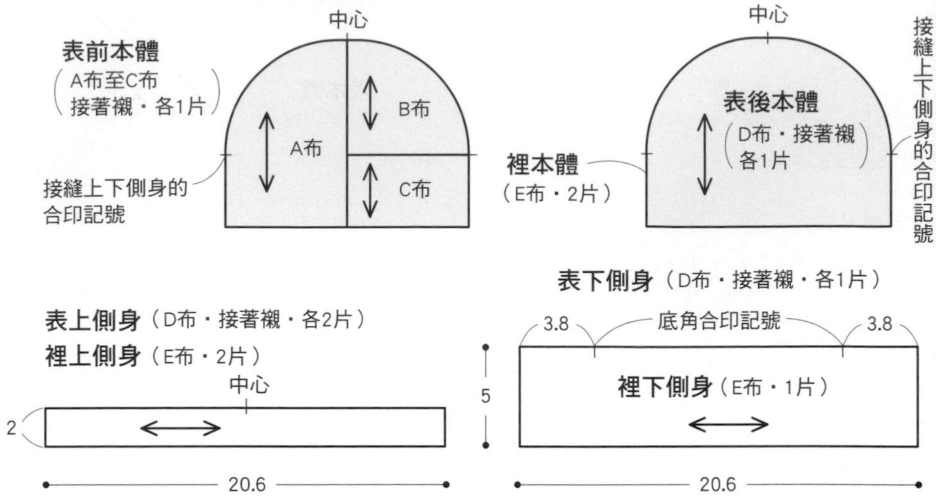

作法

1 縫製表前本體

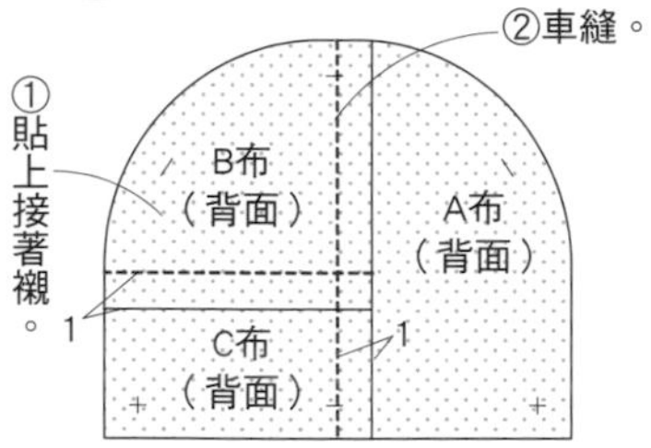

2 接縫上側身

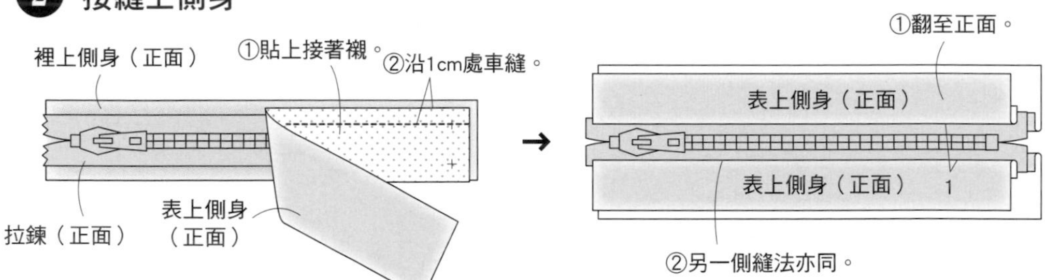

3 接縫上下側身

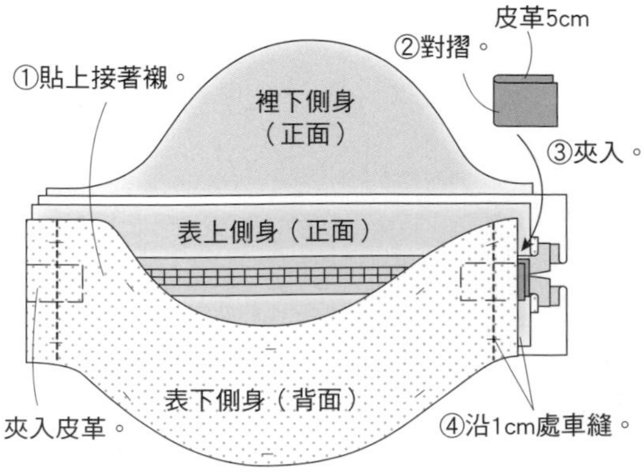

4 接縫本體&側身

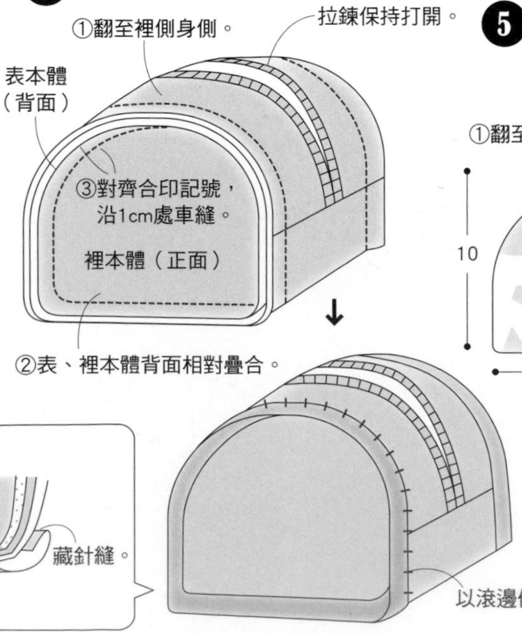

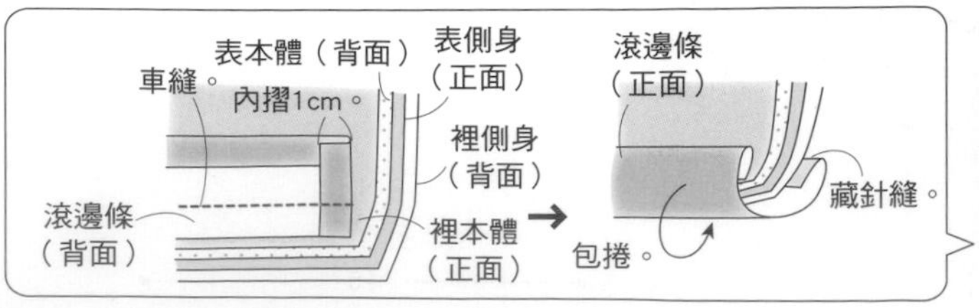

5 掛上流蘇

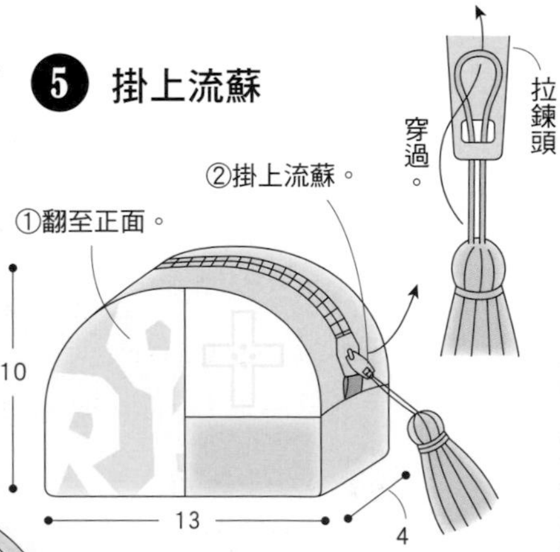

完成

P.13 12・13

原寸紙型A面

■ 材料（1個）

A布（棉・圖案）…25cm寬20cm
B布（棉・圖案）…20cm寬10cm
C布（棉・素色）…20cm寬10cm
D布（棉・圖案）…20cm寬35cm
接著襯…20cm寬35cm
口金（12cm寬）…1個
※口金／角田商店
（F8／12cm　櫛型口金／N）

紙型 ※皆外加1cm縫份。 ◯=原寸紙型

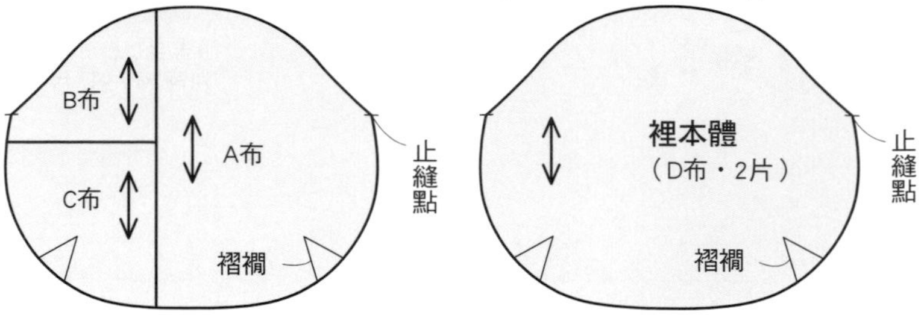

口金尺寸

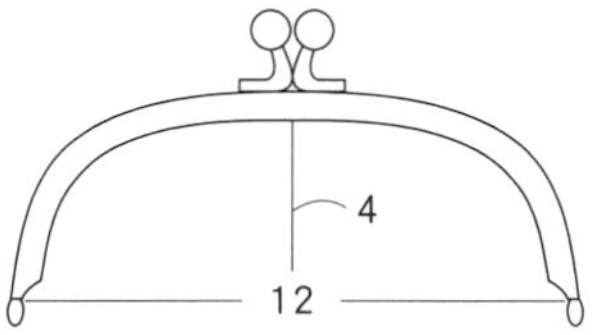

作法

1 拼縫表本體

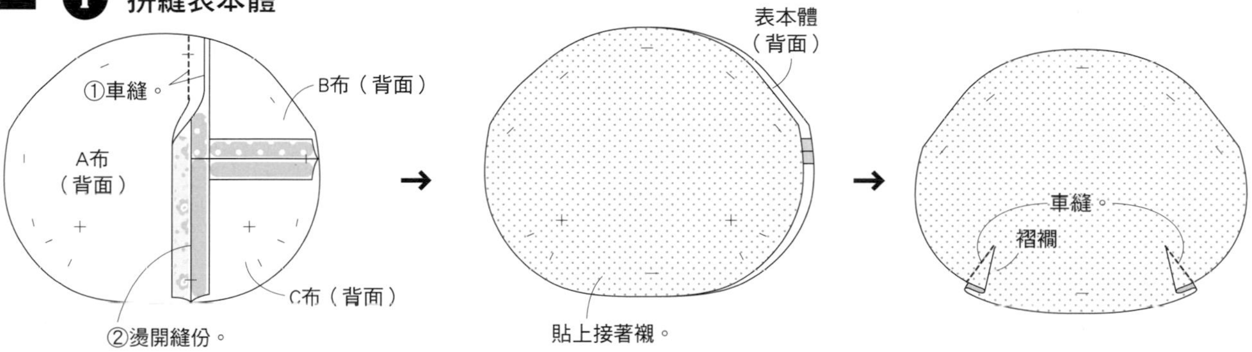

※左右對稱，共製作2片。

2 縫合表本體

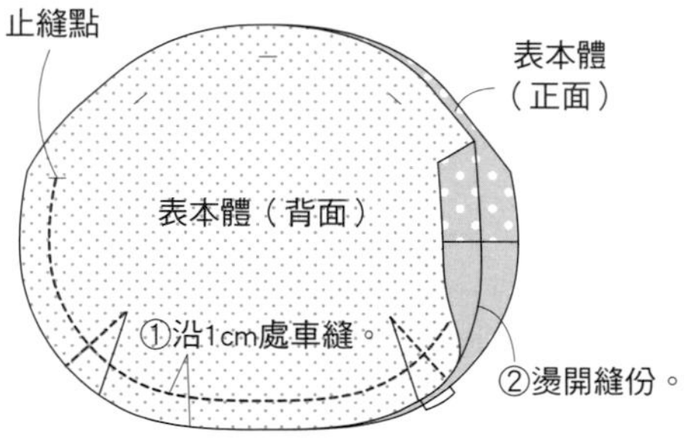

3 縫合裡本體

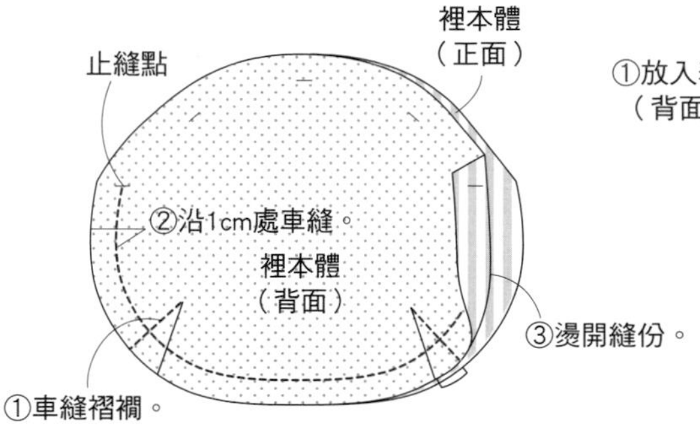

4 表本體放入裡本體中，縫合袋口

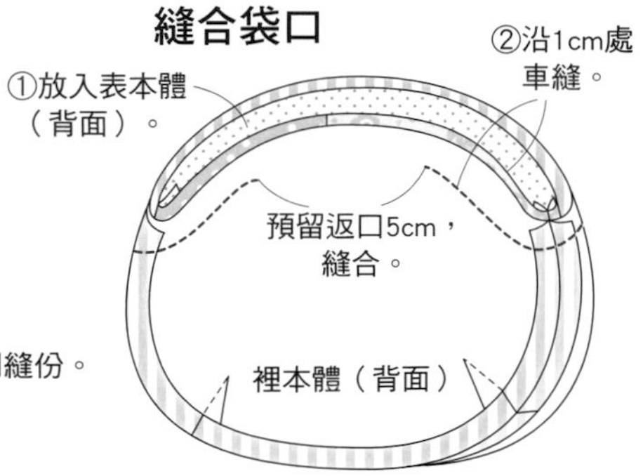

5 翻至正面

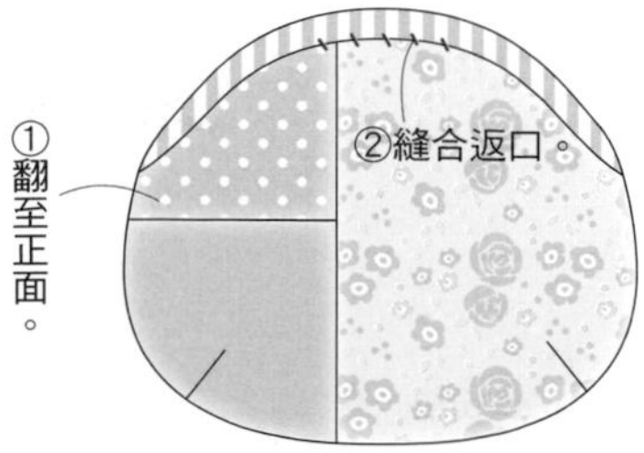

6 安裝口金

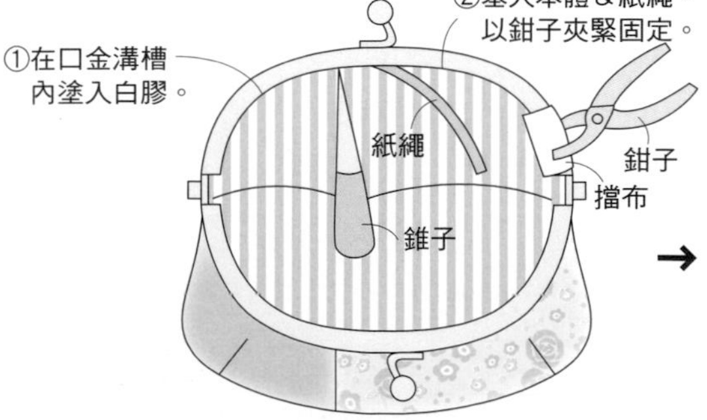

完成

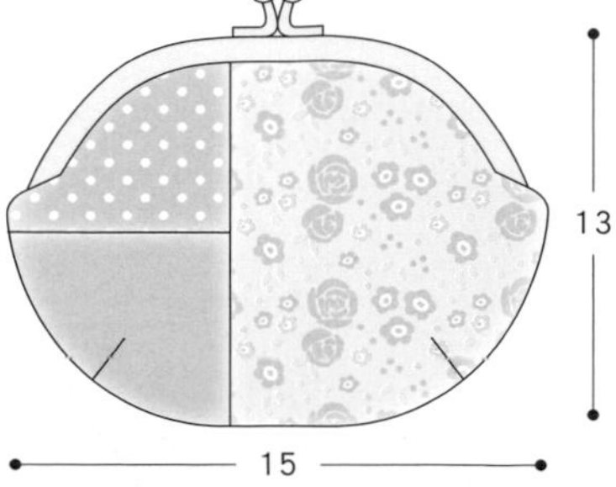

圓蓬蓬束口包

圓蓬造型的可愛束口包。碎花布、水玉圓點、格子紋……
搭配四種布料製作而成。優異的收納能力也是討人喜愛的魅力之一。

14
15

在底部加入抓摺，
縫合四片布料，作出圓滾滾的設計袋型。

作法	P.17
設計・製作	*Ajour

P.16 14・15

原寸紙型B面

■ 材料（1個）

A布（棉・圖案）… 4 種各15cm寬25cm
B布（棉・素色）…25cm寬10cm
C布（棉・圖案）…60cm寬25cm
圓繩（粗0.3cm）…136cm
布標（1.3cm寬）…5cm 1片

紙型・製圖

※皆不外加縫份，直接裁剪。 ◯=原寸紙型

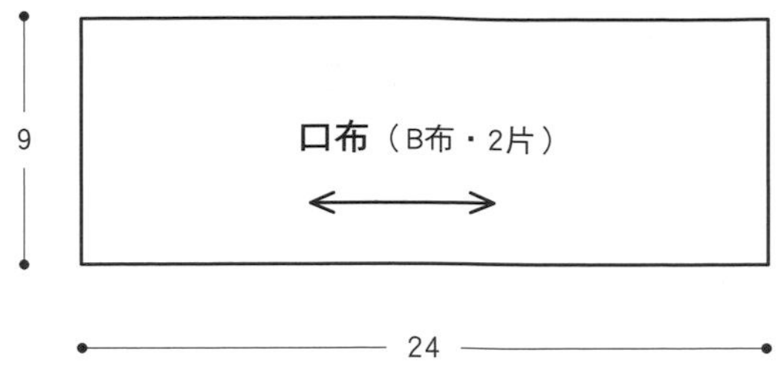

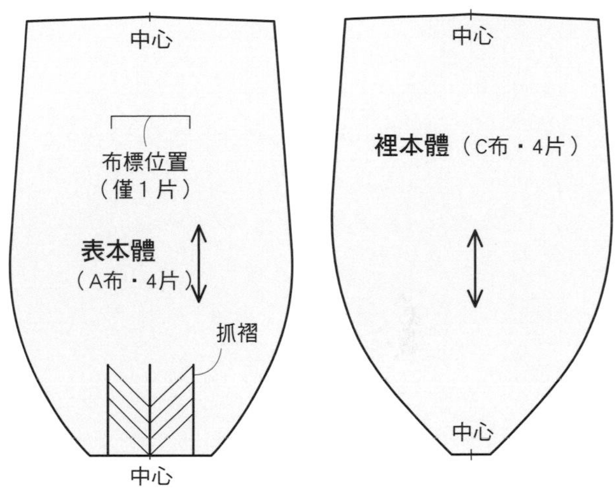

作法

❶ 縫製表本體

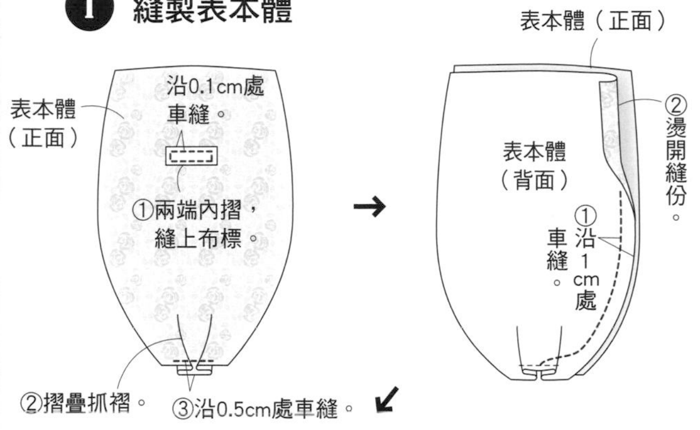

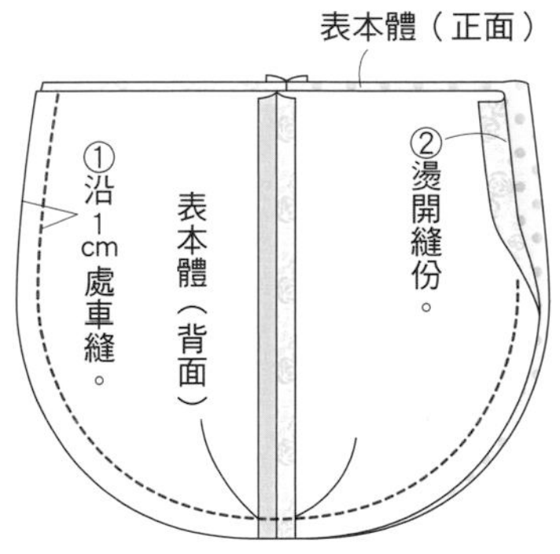

❷ 製作口布

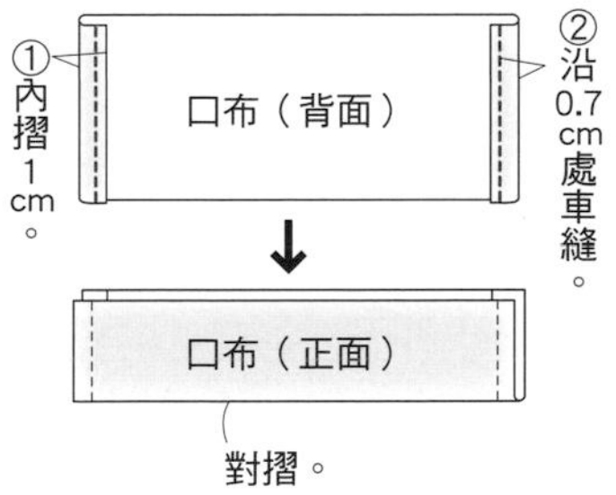

❸ 縫上口布

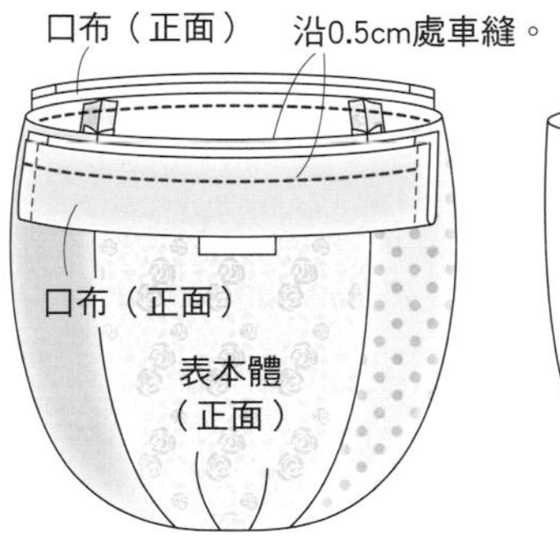

❹ 縫製裡本體

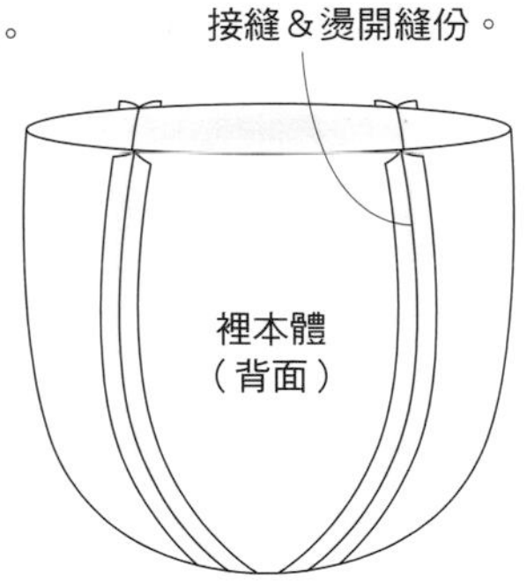

❺ 將表本體放入裡本體中，縫合袋口

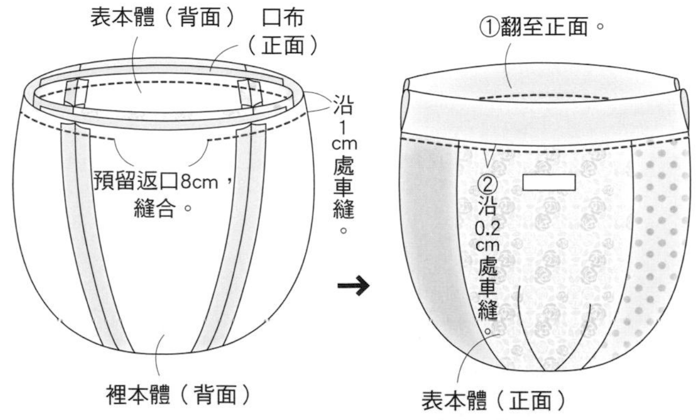

❻ 車縫穿繩通道，穿入圓繩

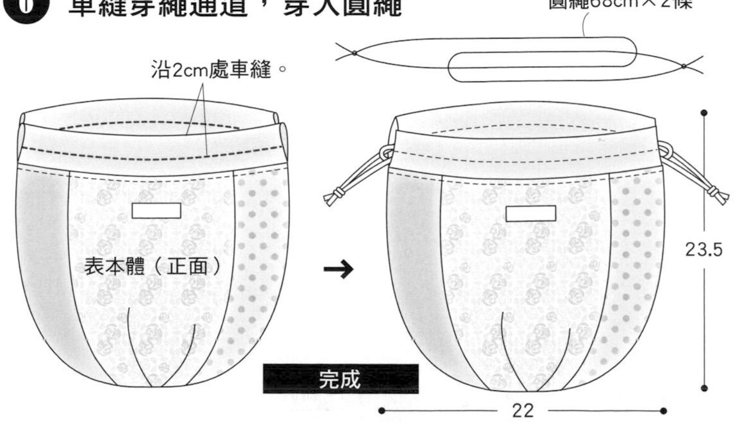

完成

PART 2

廚房的布小物

YOYO 拼布小花墊

以碎布製作許多YOYO拼布小花，
接縫成六角形即完成簡單的造型墊。
顏色＆花紋的變化組合可造就各種風格，非常有趣！

作法	P.20
設計・製作	PieniSieni

午餐墊

將剪成正方形的小布片縫合起來，
完成清爽風格的午餐墊。
兩側再加上YOYO拼布小花作點綴。

作法	P.21
設計・製作	樋口美根子 (higmin)

P.18 16·17

原寸紙型A面

■ 16材料

A布・C布・E布（棉・圖案）…4.6cm寬4.6cm各6片
B布（棉・圖案）…4.6cm寬4.6cm 13片
D布（棉・圖案）…4.6cm寬4.6cm 12片
F布（棉・圖案）…4.6cm寬4.6cm 18片

■ 17材料

A布（棉・圖案）…6cm寬6cm 13片
B布（棉・圖案）…6cm寬6cm 6片

紙型

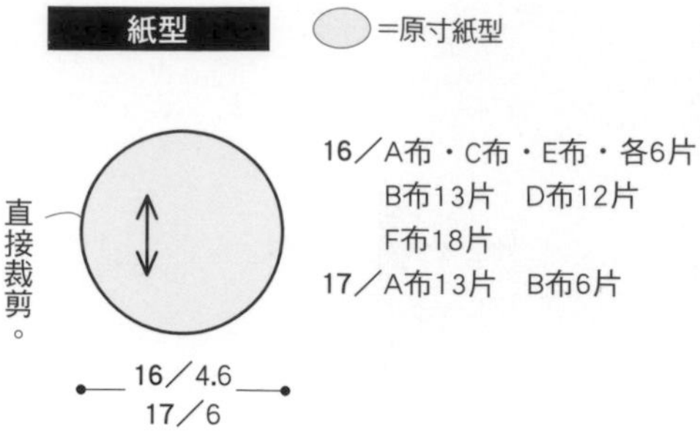

作法

1 製作YOYO拼布小花

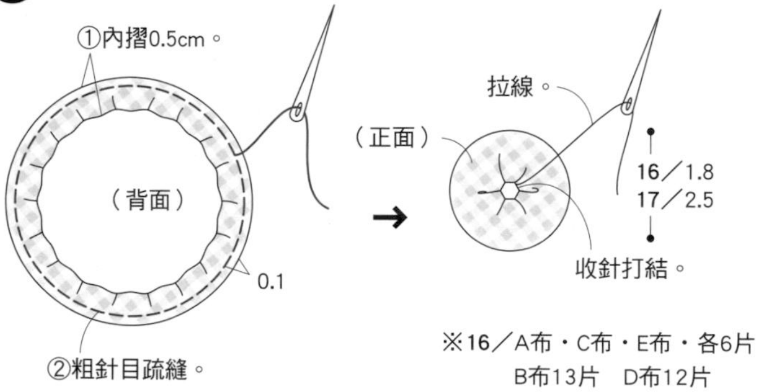

※16／A布・C布・E布・各6片
B布13片　D布12片
17／A布13片　B布6片

2 接縫YOYO拼布小花

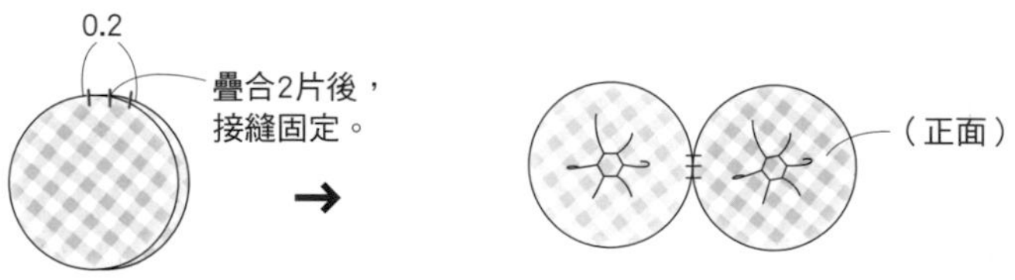

完成

從中心往外側，
進行接縫。

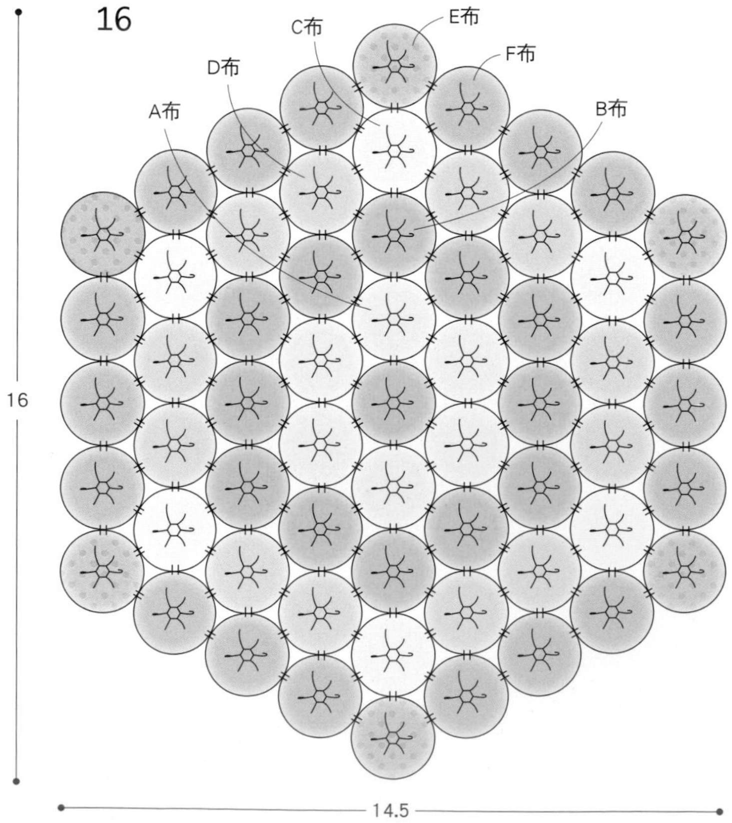

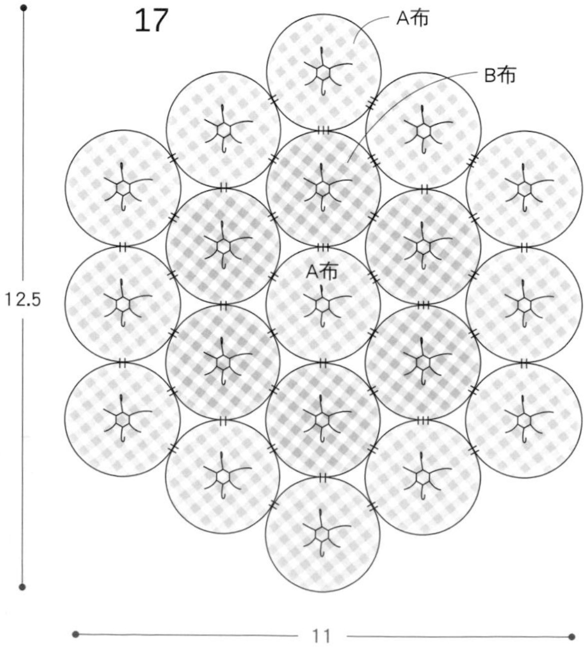

18

原寸紙型A面

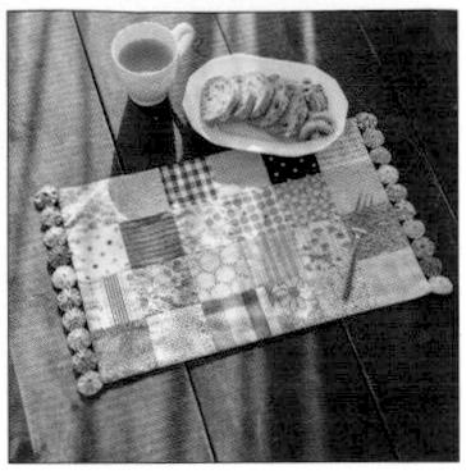

■ 材料

A布（棉・圖案／蕾絲）…9cm寬9cm 24片
B布（棉・圖案／蕾絲）…7cm寬7cm 20片
C布（棉・素色）…45cm寬30cm

紙型・製圖

※除指定處外，皆外加1cm縫份。

◯=原寸紙型

前本體（A布・24片）

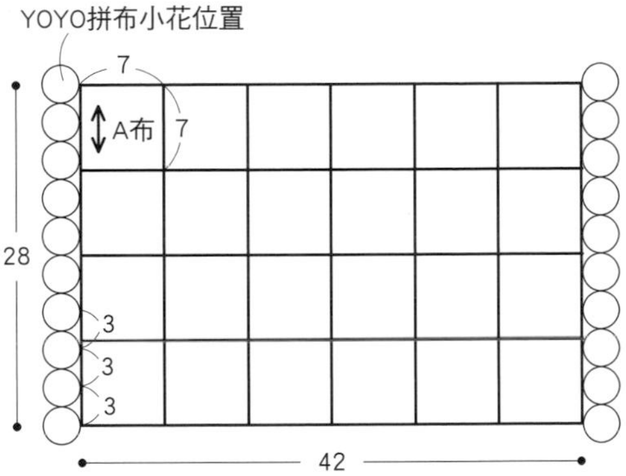

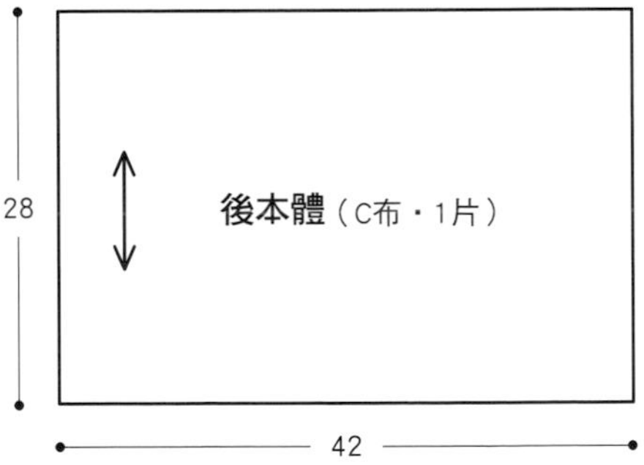

YOYO拼布小花位置

7
A布 7
28
3
3
3
42

後本體（C布・1片）

28
42

YOYO拼布小花（B布・20片）

直接裁剪。

7

作法

1 製作前本體

A布（正面）
A布
（背面）車縫。
（背面）
燙開縫份。
※製作4條。

①車縫。
②燙開縫份。

2 縫合前本體＆後本體

後本體（背面）
預留返口10cm，縫合。
前本體（正面）

3 翻至正面

②縫合返口。
①翻至正面。

4 製作＆接縫YOYO拼布小花

①內摺0.5cm。
（背面）
0.1
②粗針目疏縫。
拉線。
（正面）
打結固定。
0.2
疊合2片後接縫。
接縫10片。
（正面）

5 將拼布小花接縫於本體側邊

YOYO拼布小花・後側
前本體
接縫。

完成

30
48
另一側也同樣縫上拼布小花。

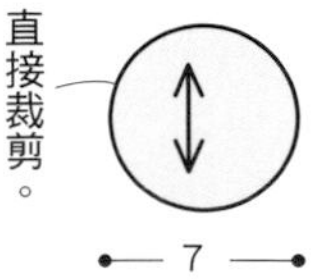

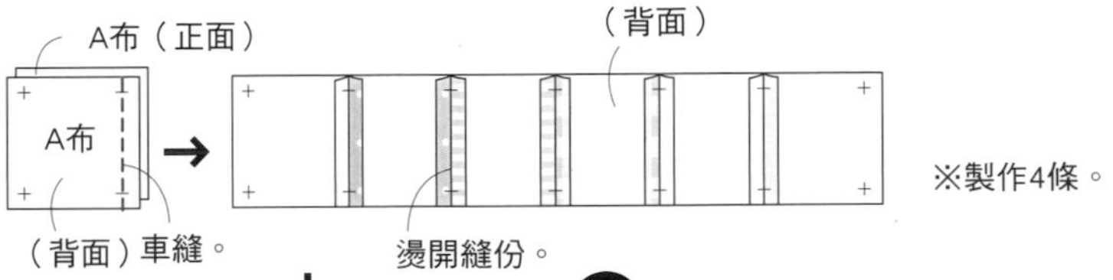

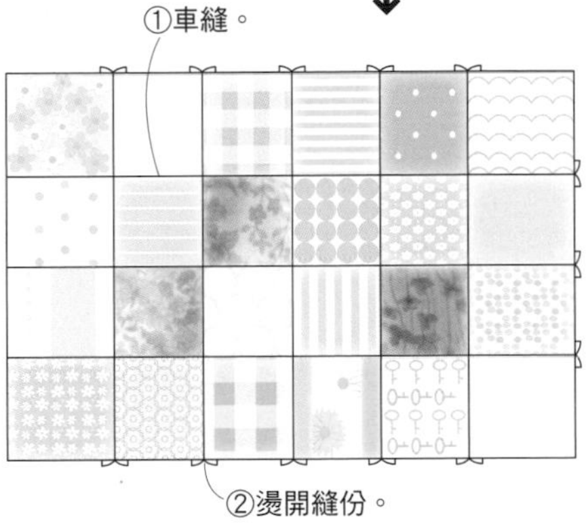

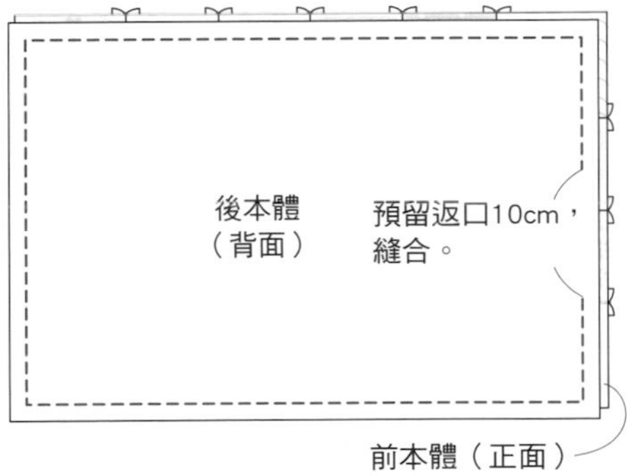

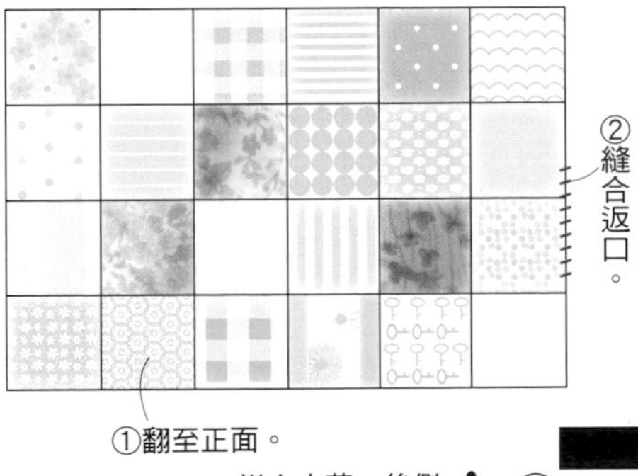

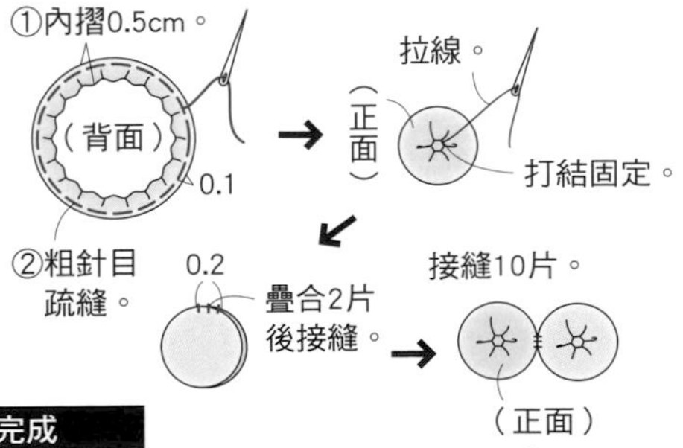

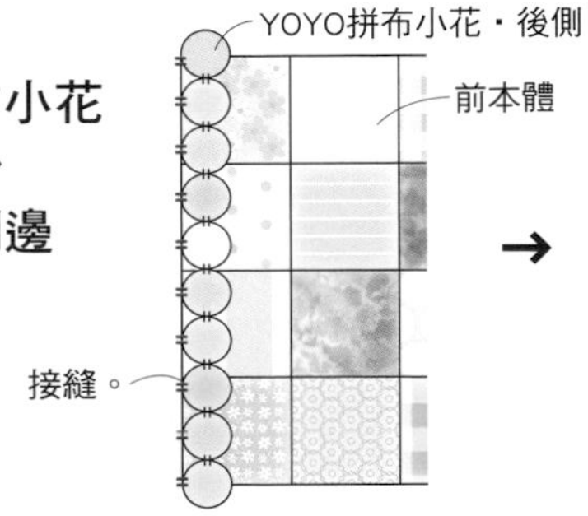

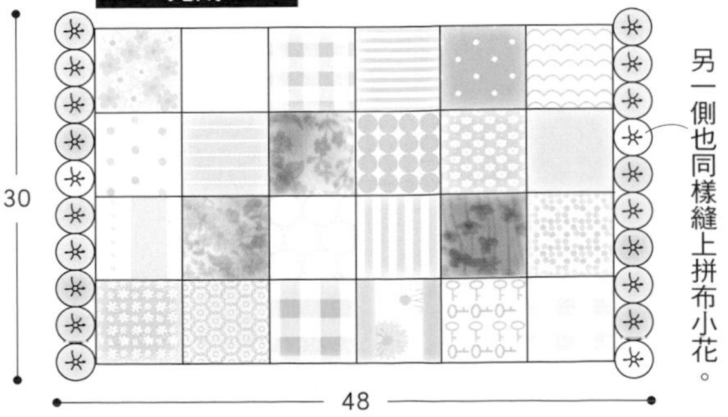

蛋形杯墊

雞蛋形狀的可愛杯墊。
以手繪風印花布或刺繡布為視覺主布。
布料接縫位置可以自由變換。

作法	P.23
設計・製作	THE Lottatta

P.22 19至21 原寸紙型A面

■ 19材料

A布（綿・圖案）…10cm寬5cm
B布（綿・圖案）…10cm寬5cm
C布（羊毛・刺繡紋）…10cm寬5cm
D布（鋪棉布）…10cm寬15cm
25號繡線（金色）

■ 20材料

A布（棉・圖案）…10cm寬10cm
B布（棉・圖案）…10cm寬10cm
C布（搖粒絨）…15cm寬10cm
D布（鋪棉布）…10cm寬15cm

■ 21材料

A布（棉・素色）…5cm寬5cm
B布（棉・素色）…10cm寬10cm
C布（棉・圖案）…10cm寬15cm
D布（棉・圖案）…10cm寬10cm
E布（鋪棉布）…10cm寬15cm
25號繡線（金色）

紙型

※除指定處外，皆以口框內的數字為縫份尺寸。 ◯=原寸紙型

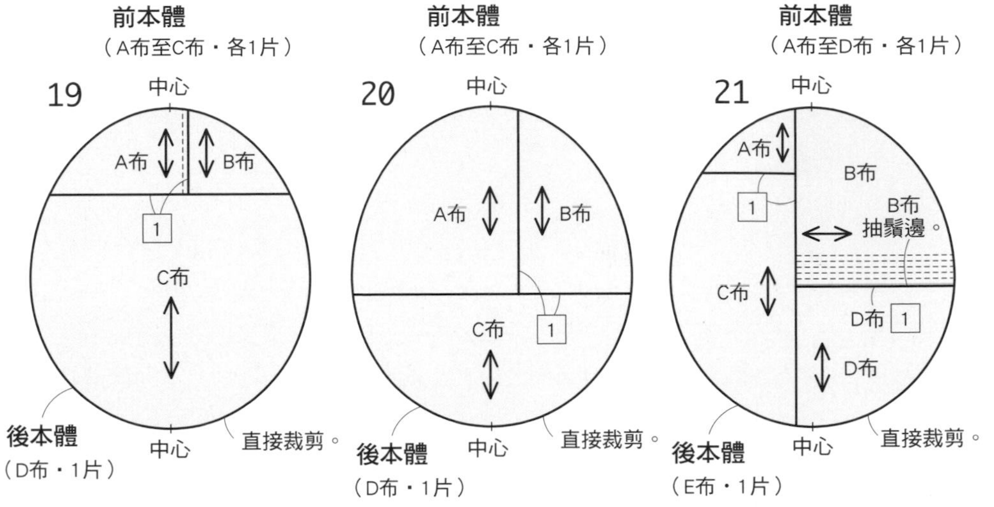

（後本體不需拼接・裁剪完整1片）

作法

1 製作前本體

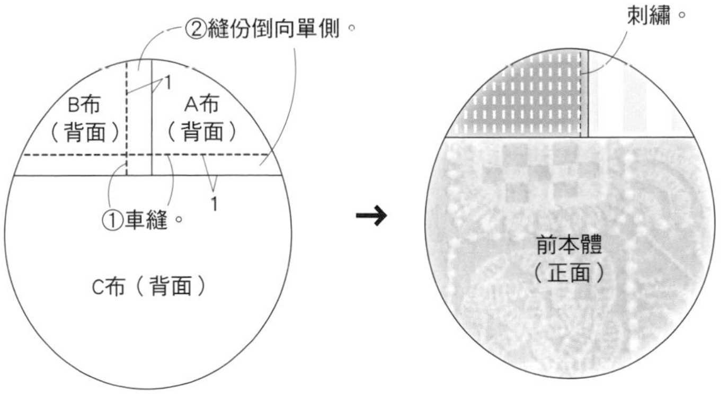

2 縫合周圍

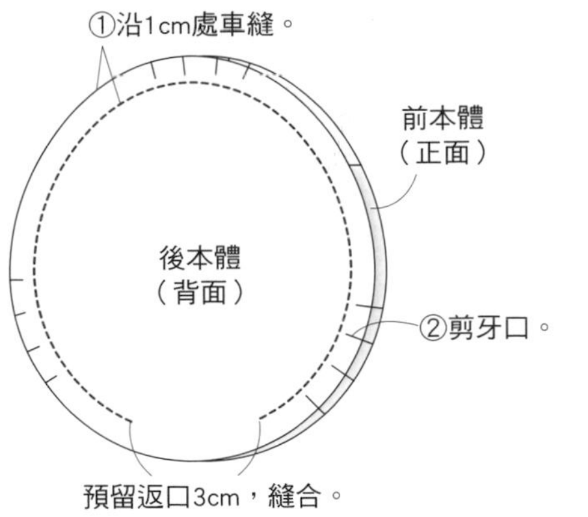

3 翻至正面

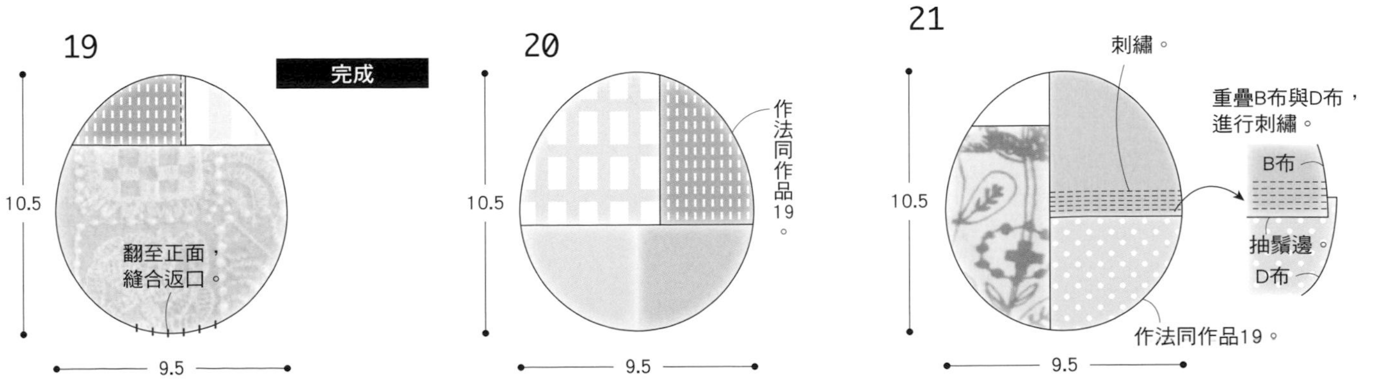

隔熱墊&隔熱手套

讓料理時光更快樂的繽紛配色
&不用時可以掛起來的掛環，
都是令人喜愛的小細節。
22為隔熱墊，23・24為隔熱手套。

作法	P.25
設計・製作	kazakka

P.24 22至24

■ 22材料

A布（棉・素色）…10cm寬10cm
B布（棉麻・橫條紋）…15cm寬15cm
C布（麻・素色）…5cm寬15cm
D布（麻・素色）…15cm寬10cm
E布（麻・格子）…20cm寬10cm
F布（麻・素色）…20cm寬20cm
單膠鋪棉…35cm寬20cm
織帶（1.7cm寬）…5cm　繡線（粉紅色）

■ 23材料

A布（麻・素色）…15cm寬10cm
B布（麻・素色）…15cm寬10cm
C布（麻・素色）…10cm寬15cm
D布（棉麻・直條紋）…15cm寬10cm
E布（麻・素色）…30cm寬20cm
單膠鋪棉…30cm寬20cm
織帶（1.7cm寬）…5cm　繡線（水藍色）

■ 24材料

A布（棉・素色）…15cm寬10cm
B布（棉麻・直條紋）…15cm寬10cm
C布（麻・素色）…10cm寬15cm
D布（棉麻・格子）…15cm寬10cm
E布（棉麻・直條紋）…10cm寬15cm
F布（麻・素色）…30cm寬20cm
單膠鋪棉…30cm寬20cm
織帶（1.7cm寬）…5cm　繡線（黃色）

製圖

※除指定處外，皆外加1cm縫份。

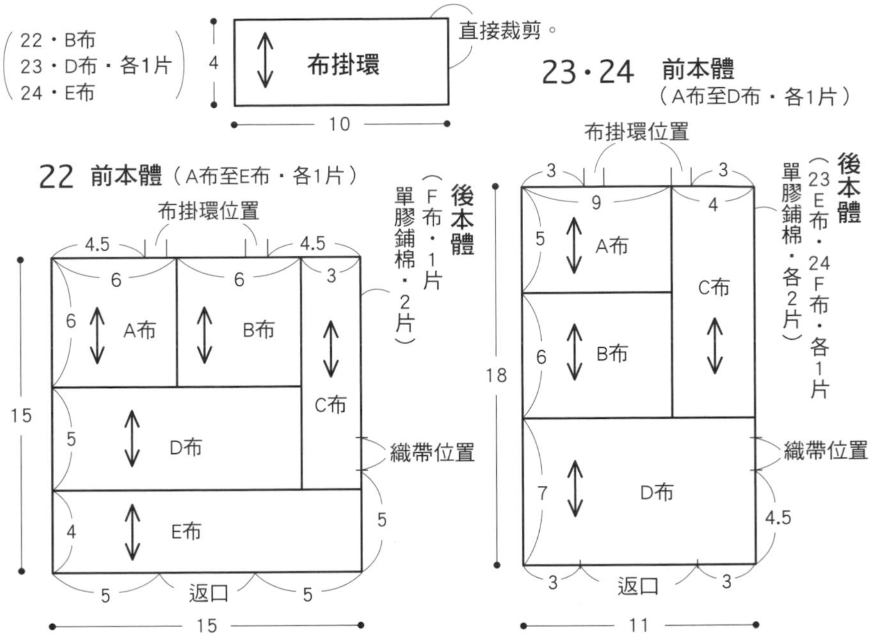

（後本體＆單膠鋪棉不需拼接，裁剪完整1片）

作法

1 製作布掛環

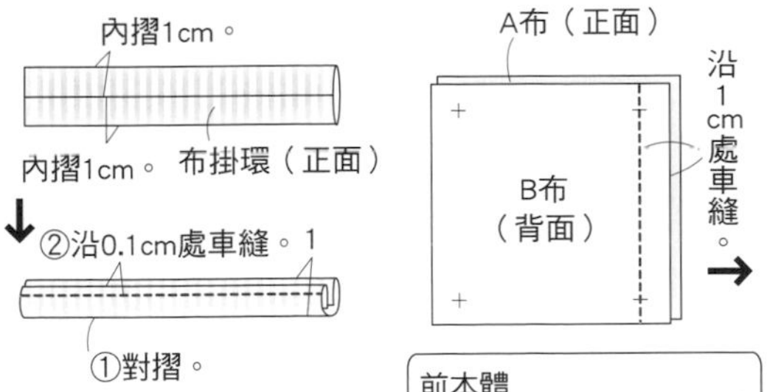

2 拼接前本體

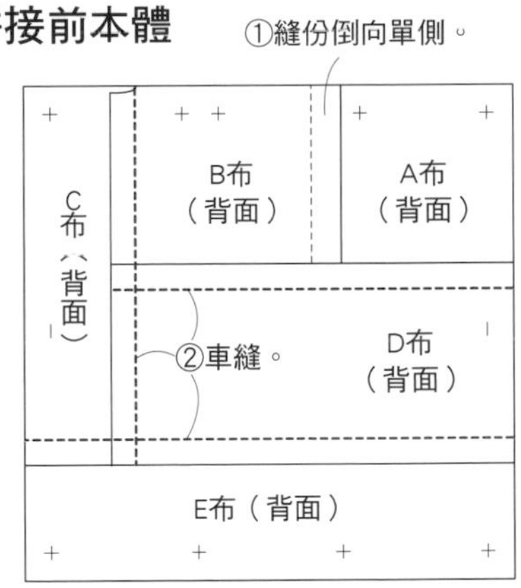

3 接縫織帶＆布掛環

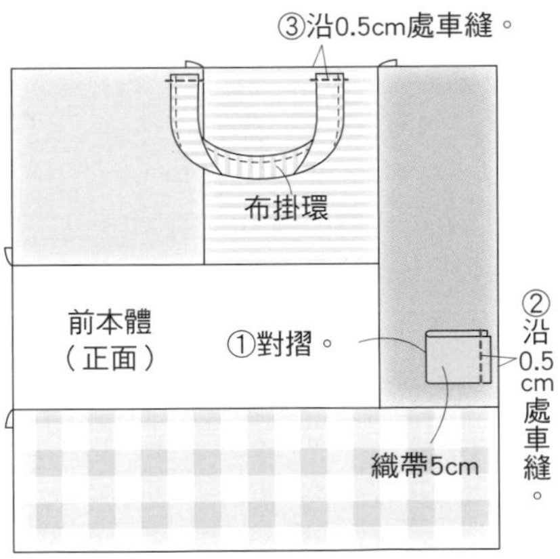

4 縫合周圍

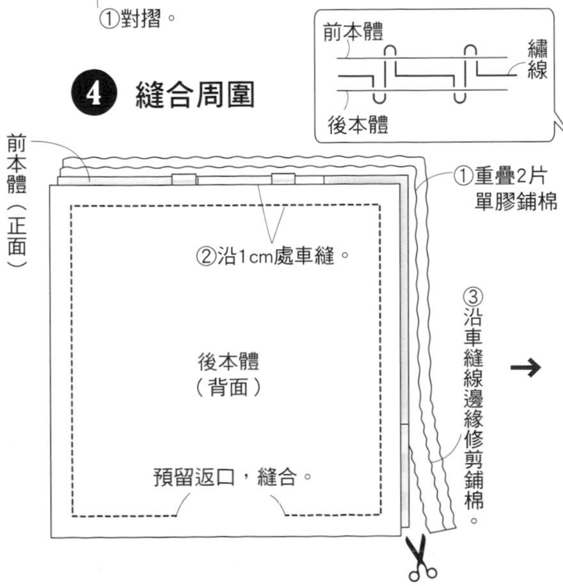

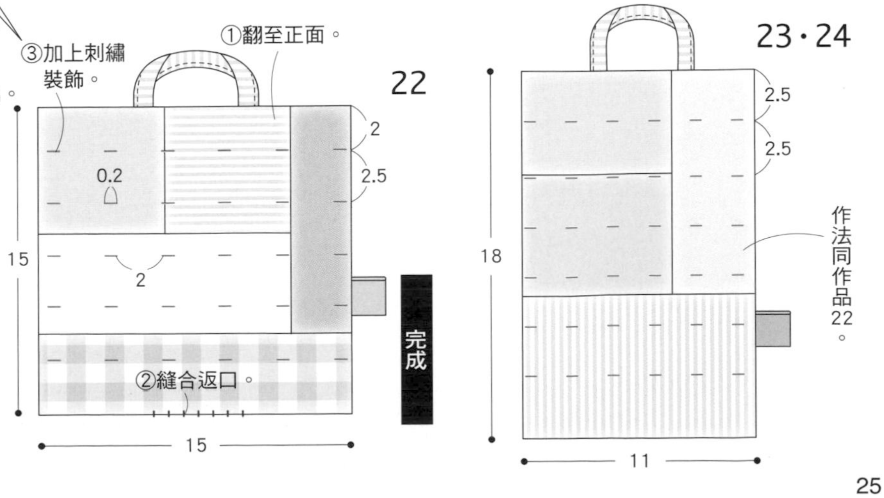

PART 3

居家裝飾布小物

斜拼縫布拖鞋

將配色高雅的碎布，
斜向拼接出優雅風格的拖鞋。
也很推薦適度抽鬚邊點綴鞋面喔！

25

作法	P.28
設計・製作	猪俣友紀（neige＋）

應用色彩繽紛的布片裝飾房間。
也可依喜好製作葉子。

鬱金香

在碎布裡塞入棉花，製作鬱金香布花。
以少量支數進行裝飾，
或作成一大把花束都很美麗。

26

作法	P.29
設計・製作	minekko

P.26 25

原寸紙型B面

■ 材料

A布至D布（棉麻・圖案／素色）…各10cm寬10cm
E布（棉・格子）…45cm寬20cm
F布（棉麻・直條紋）…30cm寬30cm
G布（鋪棉布）…30cm寬30cm
單膠鋪棉…50cm寬45cm
布標（0.9cm寬）…3cm

紙型 ※除指定處外，皆外加1cm縫份。 ◯=原寸紙型

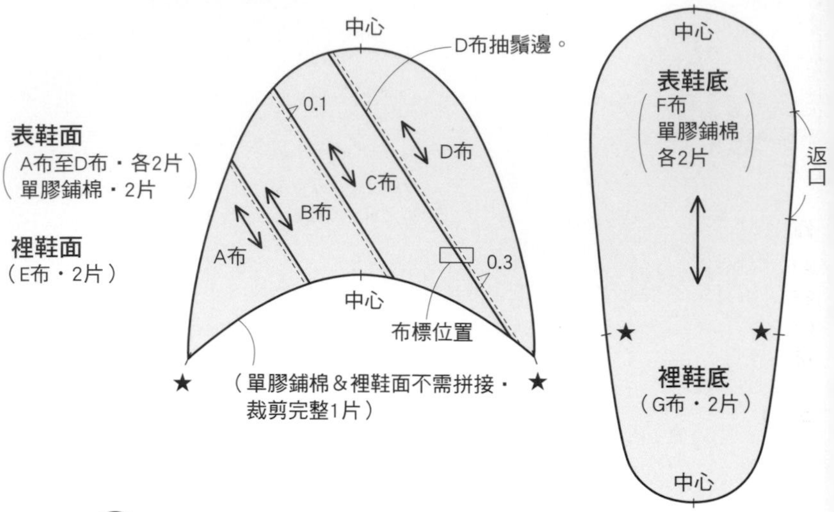

作法

1 拼接表鞋面

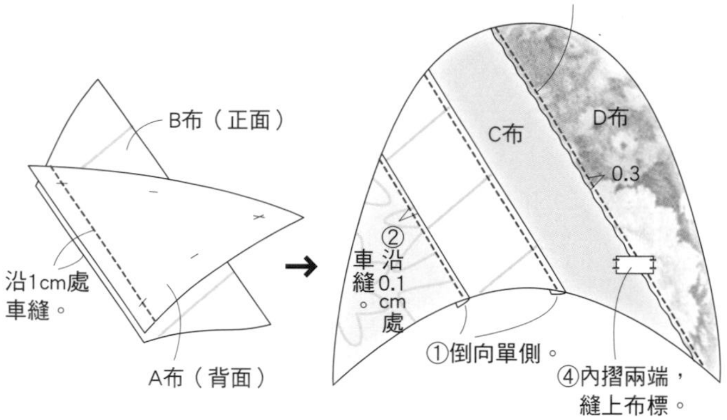

2 縫合表・裡鞋面

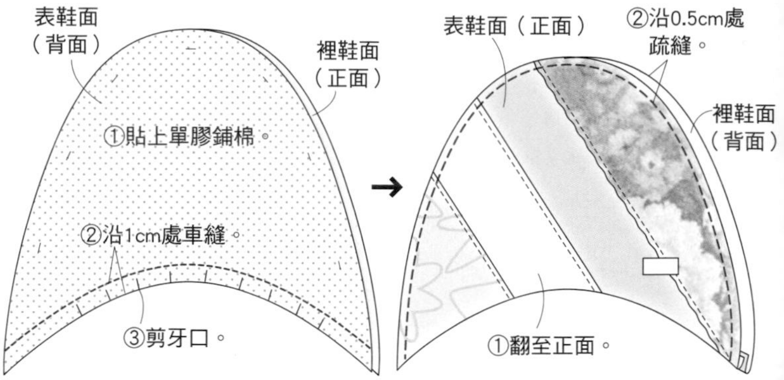

3 縫合鞋面＆鞋底

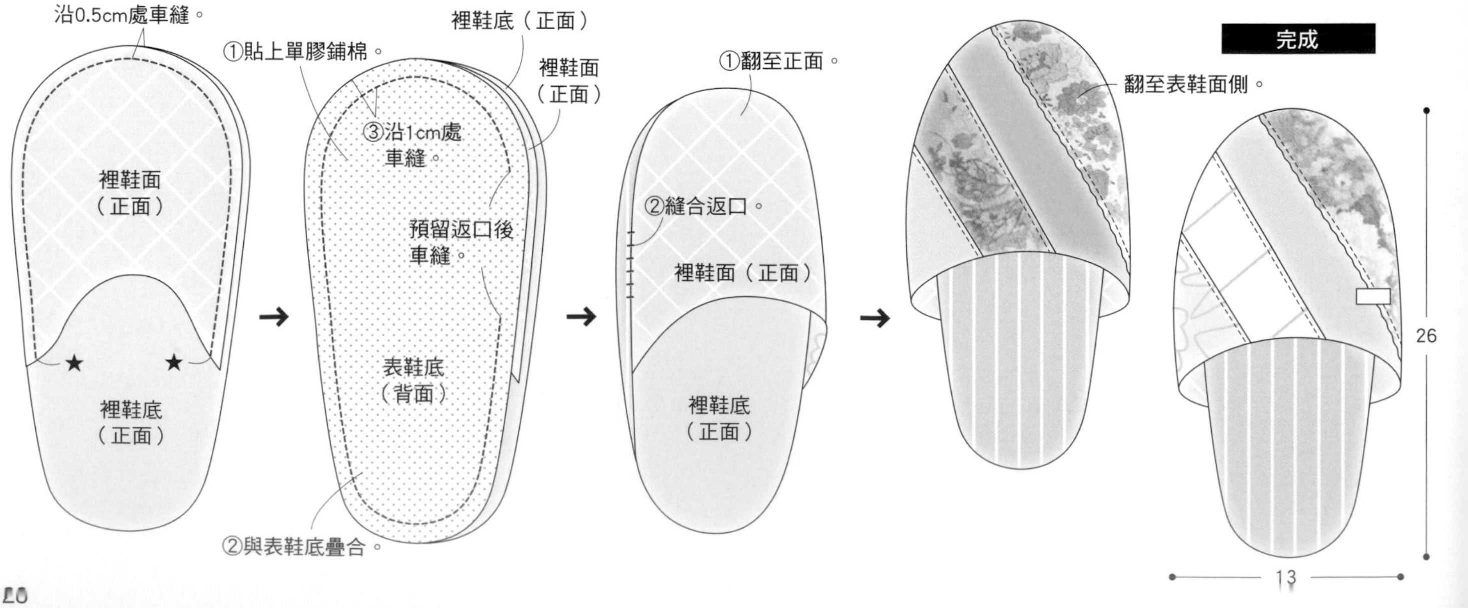

P.27 26

原寸紙型A面

■ 材料（1個）

A布（棉・圖案／素色）…15cm寬10cm
B布（棉・素色）…50cm寬1cm
C布（棉・素色）…2種各10cm寬25cm
接著襯…10cm寬25cm
鐵絲（#18）…35cm
手工藝棉花…適量

紙型・製圖

※除指定處外，皆外加0.5cm縫份。 ◯=原寸紙型

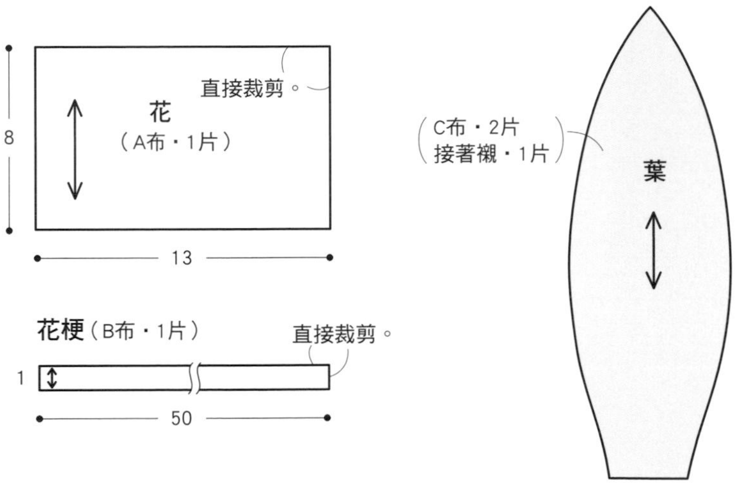

作法

1 製作花梗

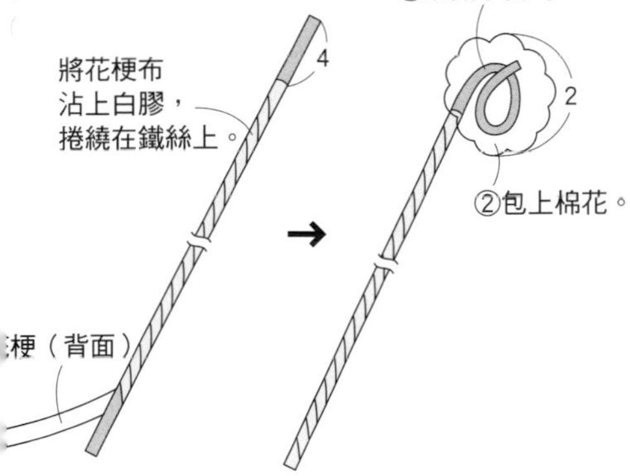

2 製作花朵

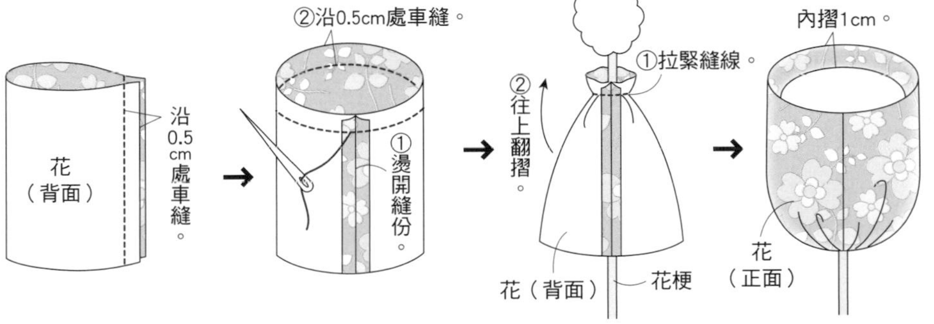

3 作出花形

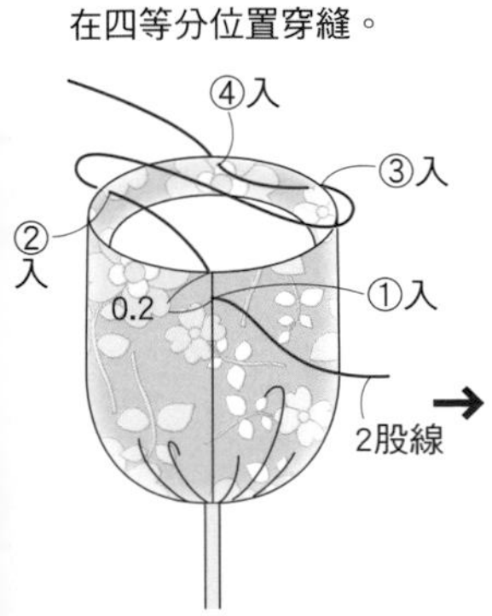

4 製作葉子，裝上花梗

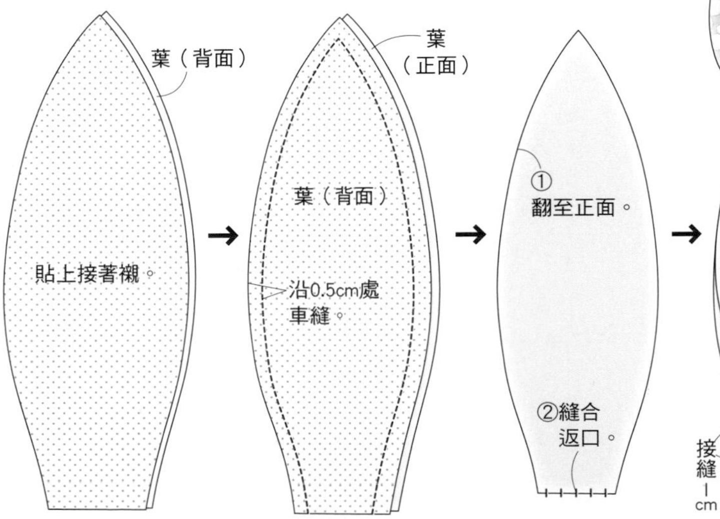

完成

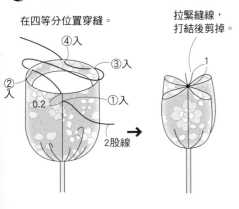

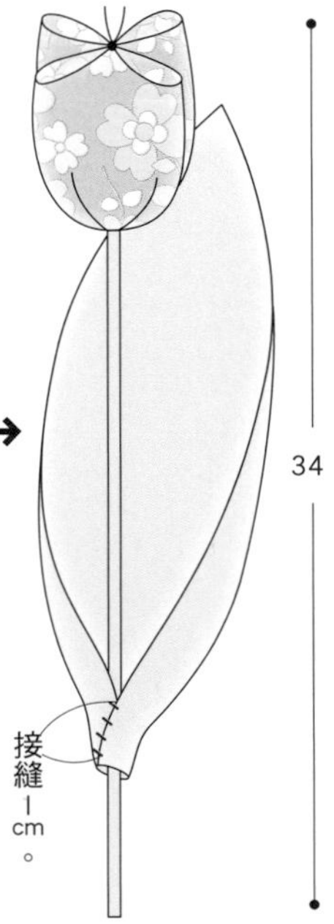

兔子抱枕

隨意縫合不同花色的布片，製作兔子抱枕，
一定能成為房間裡的裝飾重點。
27為粉紅色系，28為藍色系，
皆以復古艷彩色的圖案布拼接而成。

背面是簡約風格。

作法	P.32
設計・製作	hey*flower

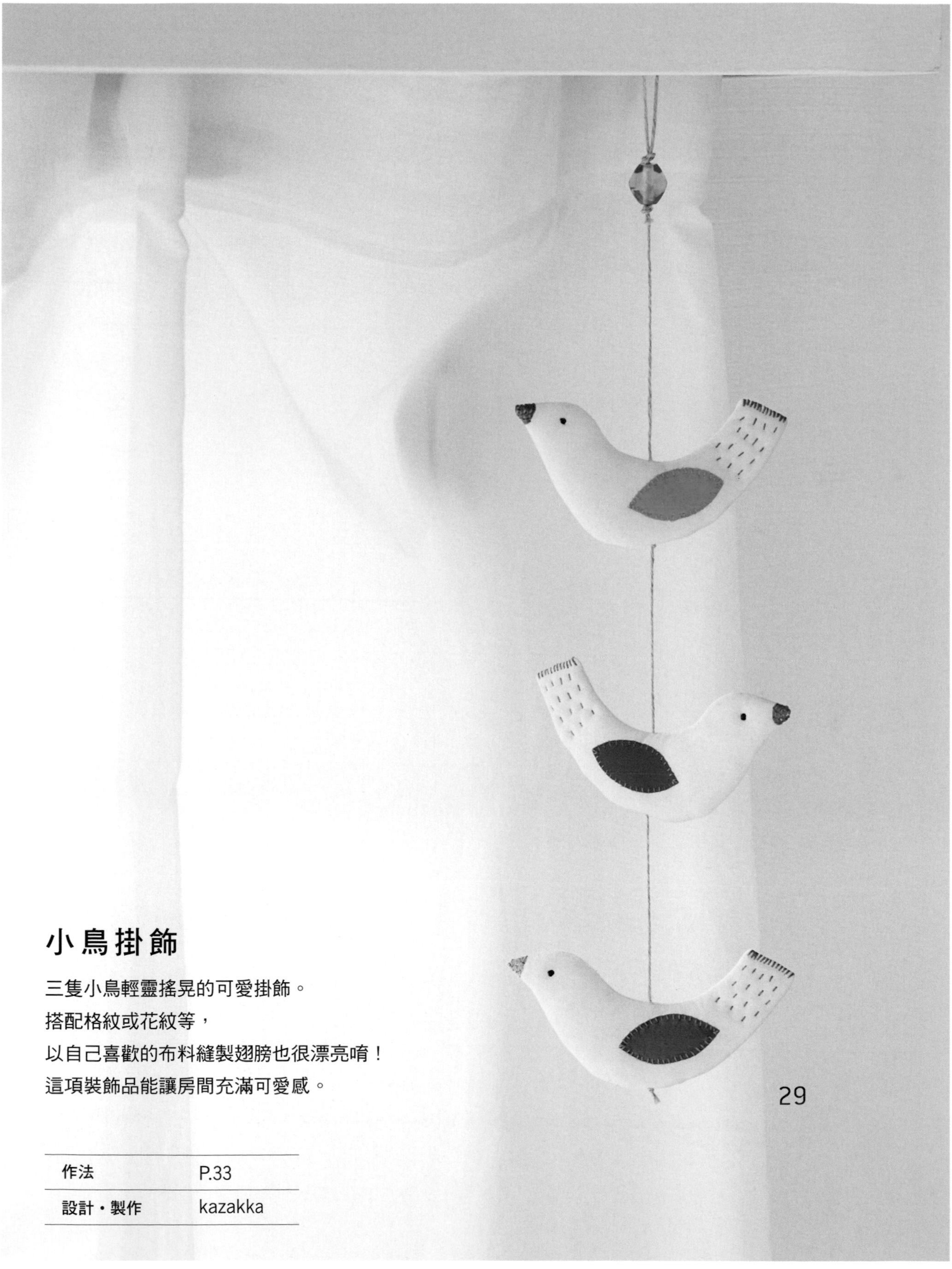

小鳥掛飾

三隻小鳥輕靈搖晃的可愛掛飾。
搭配格紋或花紋等，
以自己喜歡的布料縫製翅膀也很漂亮唷！
這項裝飾品能讓房間充滿可愛感。

29

作法	P.33
設計・製作	kazakka

原寸紙型A面

■ 27材料

A布（棉・圖案）…20cm寬15cm
B布（棉・水玉圓點）…25cm寬35cm
C布（棉・圖案）…35cm寬20cm
D布（針織布）…25cm寬25cm
E布（棉・圖案）…25cm寬35cm
F布（棉・水玉圓點）…35cm寬25cm
G布（平織布）…55cm寬40cm
H布（棉・水玉圓點）…55cm寬40cm
毛線（花色紗線）…適量
鈕釦（1.3cm）…1個
手工藝棉花…適量

■ 28材料

A布（綿・圖案）…25cm寬20cm
B布（綿・圖案）…20cm寬35cm
C布（綿・直條紋）…20cm寬20cm
D布（綿・圖案）…40cm寬20cm
E布（綿・刺繡布）…25cm寬20cm
F布（綿・圖案）…30cm寬30cm
G布（綿・圖案）…20cm寬20cm
H布（平織布）…55cm寬40cm
I布（綿・水玉圓點）…55cm寬40cm
毛線（粗）…適量
鈕釦（1.3cm）…1個
手工藝棉花…適量

紙型

※除指定處外，皆外加2cm縫份。 ◯=原寸紙型

27 前本體（A布至F布・各1片）
基底（G布・1片） 後本體（H布・1片）

28 前本體（A布至G布・各1片）
基底（H布・1片）
後本體 （I布・1片）

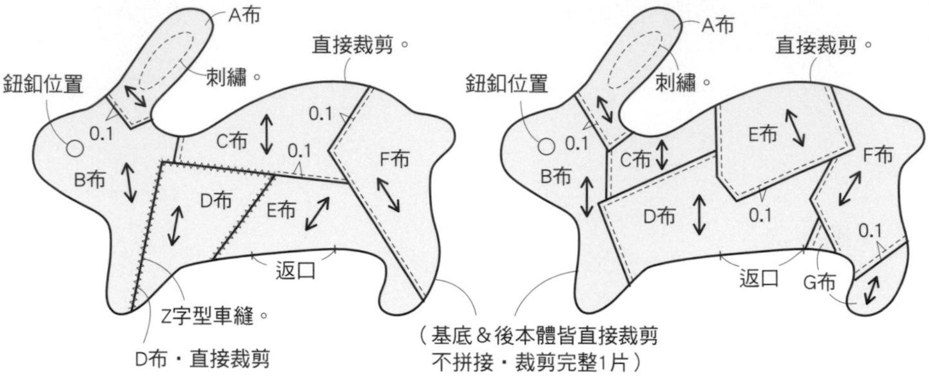

作法

1 拼接前本體

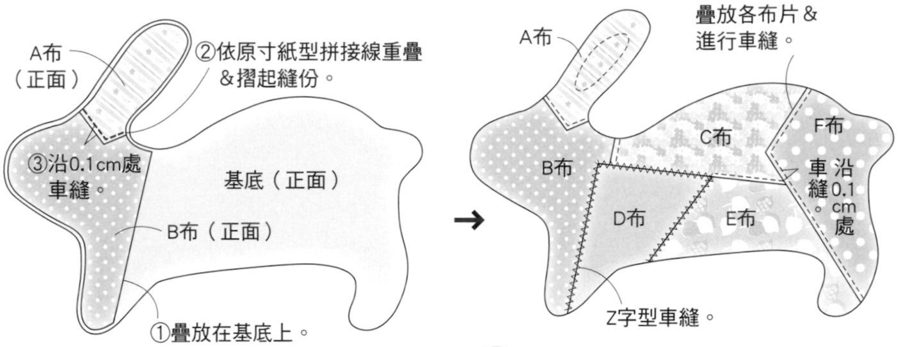

2 縫上眼睛＆耳朵的毛線

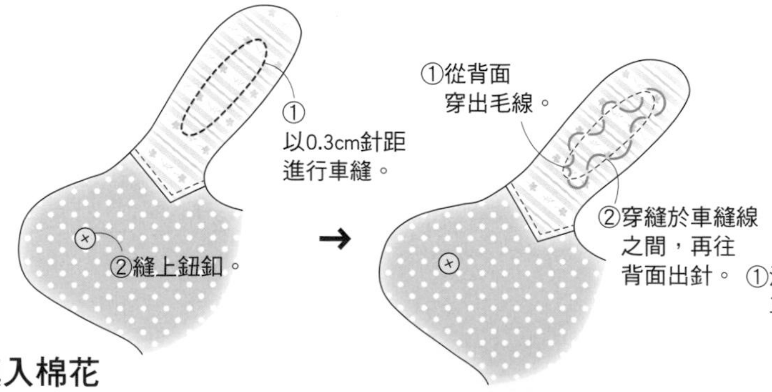

3 縫合前・後本體

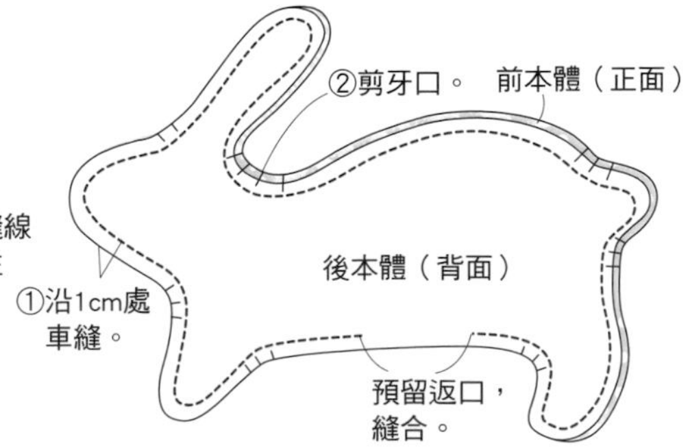

4 翻至正面＆填入棉花

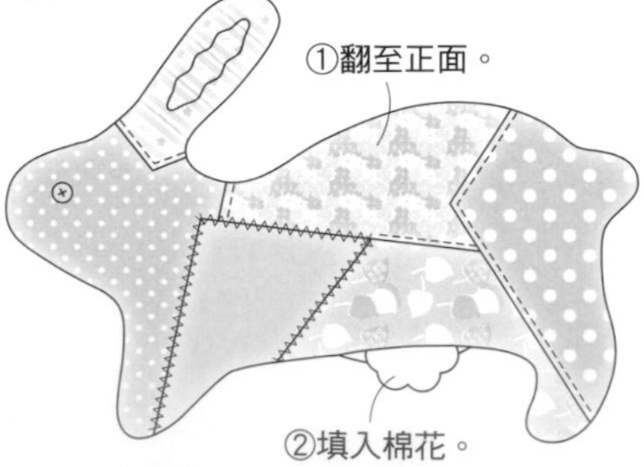

完成

27

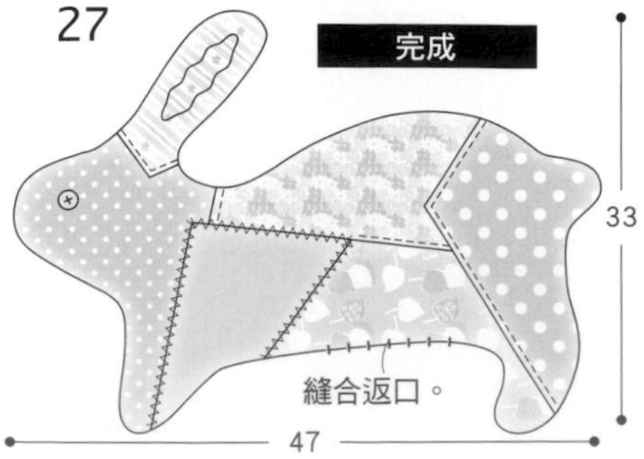

28

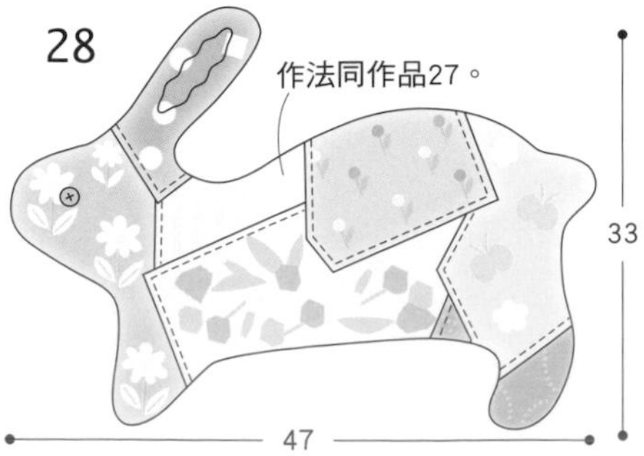

P.31 29

原寸紙型B面

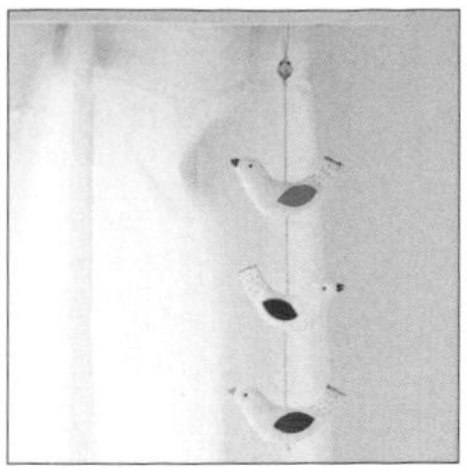

■ 材料

A布（綿・素色）…25cm寬25cm
B布（綿・素色）…３種各5cm寬5cm
串珠（1.5cm）…1個
麻繩（粗0.2cm）…55cm
25號繡線（青色・粉紅色・黃綠色・灰色・茶色）
手工藝棉花…適宜

紙型

※翅膀直接裁剪，身體外加0.8cm縫份。
（　）=原寸紙型

身體（A布・6片）**翅膀**（B布・3種各2片）

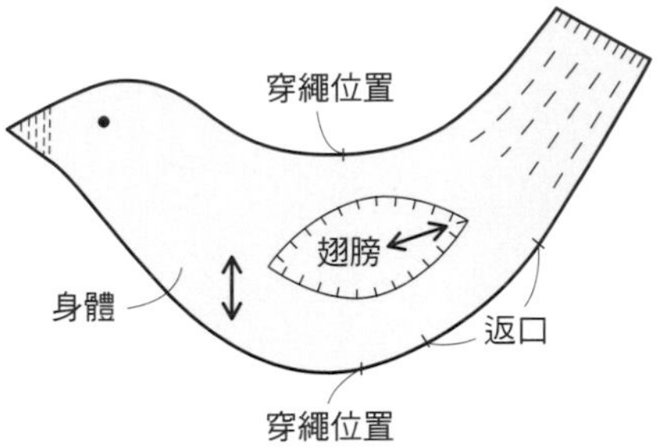

穿繩位置
翅膀
身體
返口
穿繩位置

作法

❶ 製作小鳥

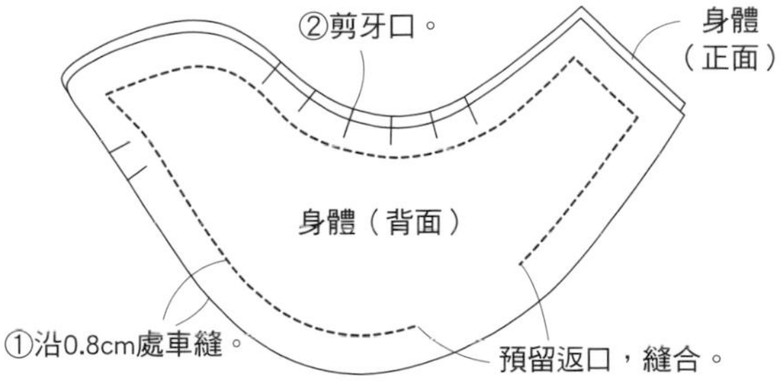

②剪牙口。
身體
（正面）
身體（背面）
①沿0.8cm處車縫。
預留返口，縫合。

↓

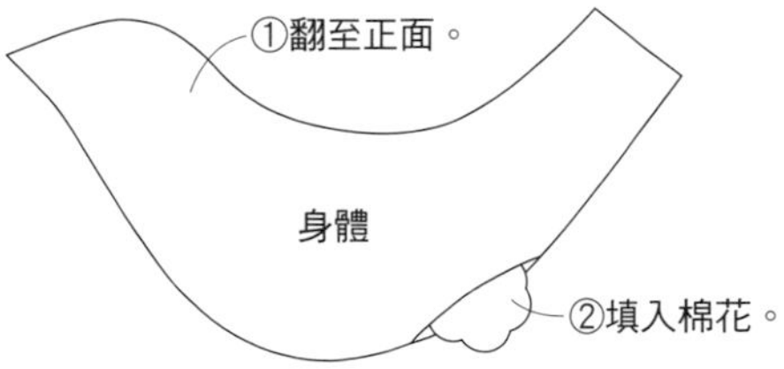

①翻至正面。
身體
②填入棉花。

↓

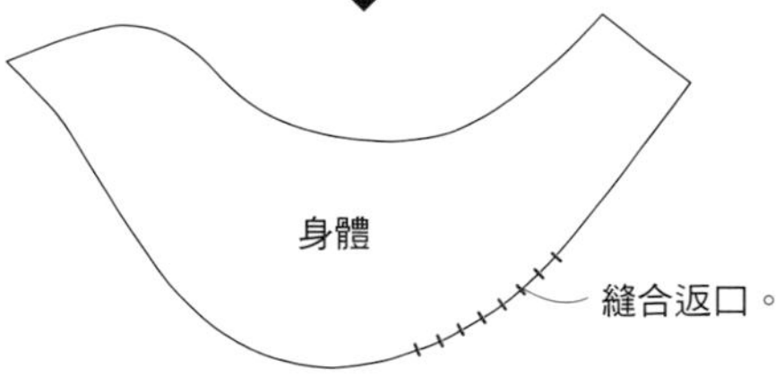

身體
縫合返口。

↓

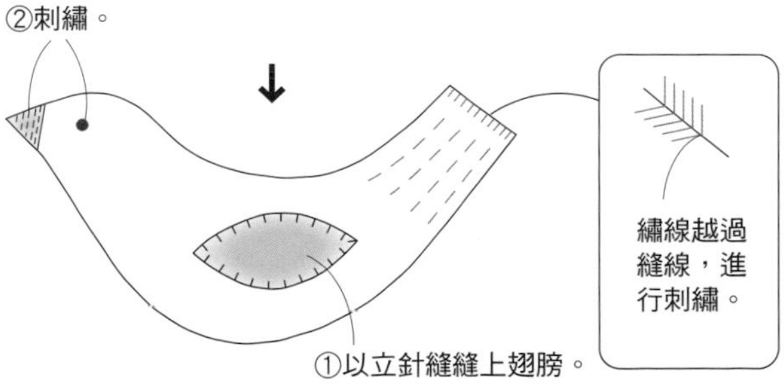

②刺繡。
繡線越過
縫線，進
行刺繡。
①以立針縫縫上翅膀。

※製作3個。

❷ 連接組合

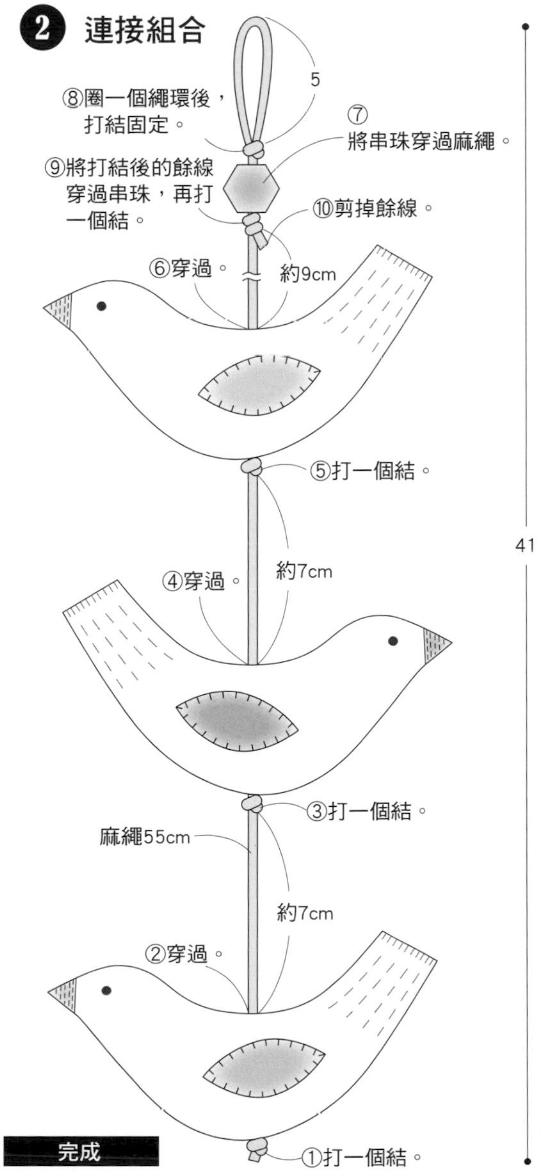

5
⑧圈一個繩環後，
打結固定。
⑦
將串珠穿過麻繩。
⑨將打結後的餘線
穿過串珠，再打
一個結。
⑩剪掉餘線。
⑥穿過。
約9cm
⑤打一個結。
41
④穿過。
約7cm
③打一個結。
麻繩55cm
約7cm
②穿過。
完成
①打一個結。

30

31

32

33

34

小鳥造型擺飾

使用北歐風布片，
創造出色彩繽紛又時髦的造型擺飾。
如真鳥般栩栩如生的立體感非常有魅力。
可當作壁飾或房間各處的裝飾。

作法	P.36
設計・製作	minekko

作法	P.37
設計・製作	majam35

抱枕套

只要直線車縫，就能輕鬆完成的簡約抱枕。
帶有衝擊感的紅色圓點圖案×較薄的丹寧布料，
極具現代風格。

35

開口的設計簡單又易作。

30至34

原寸紙型A面

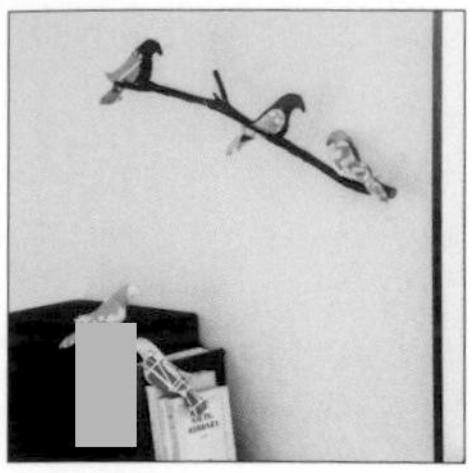

■ 材料（11個）

A布（綿・圖案）…25cm寬15cm
B布（綿・圖案）…25cm寬10cm
接著襯…10cm寬10cm
手工藝棉花…適量

紙型 ※皆外加0.5cm縫份。 ◯=原寸紙型

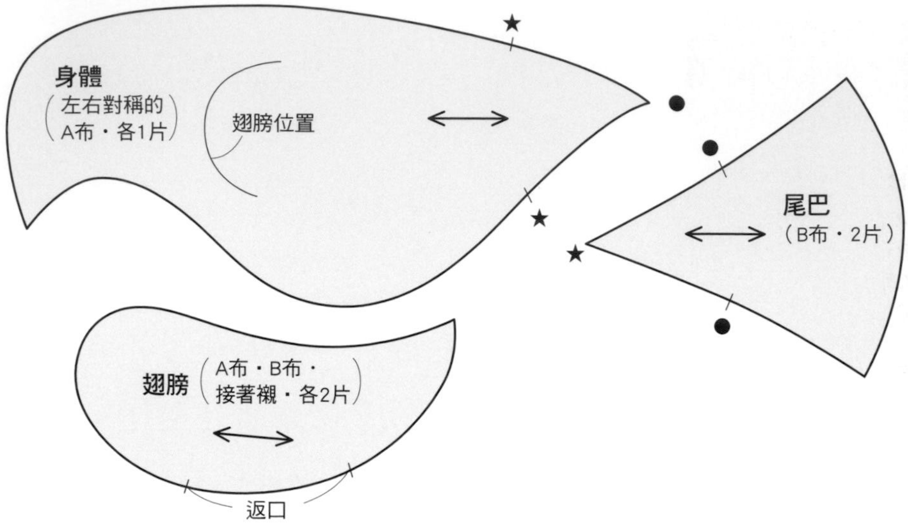

作法

1 縫合身體&尾巴

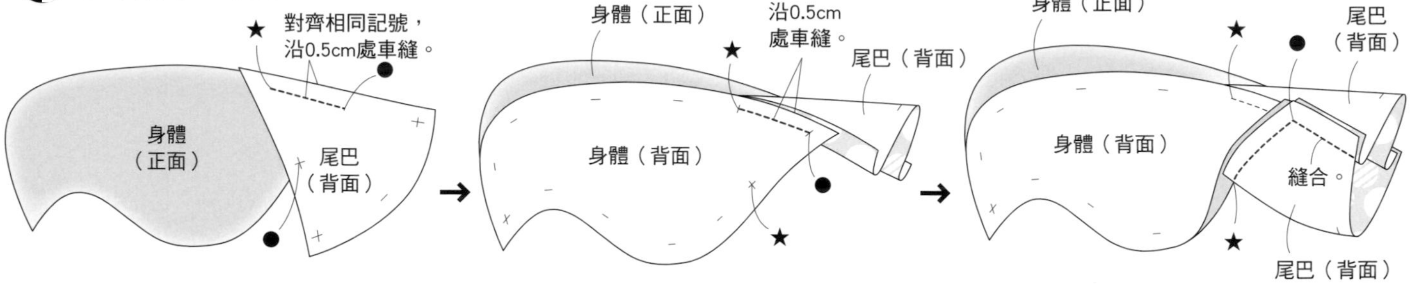

2 縫合身體

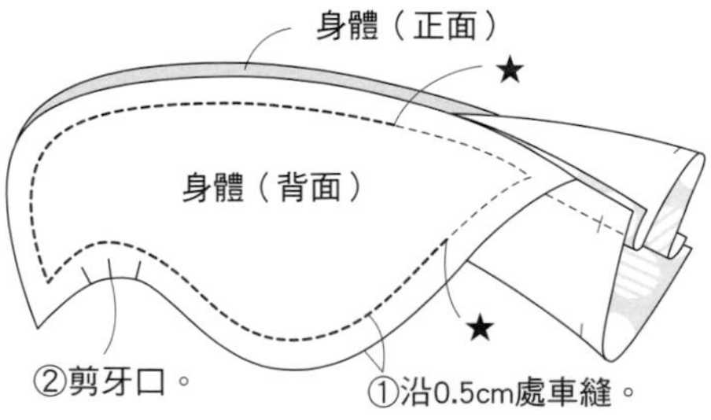

3 翻至正面，填入棉花

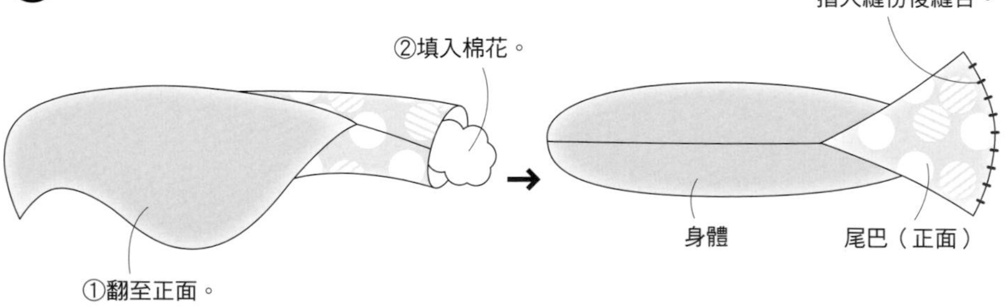

4 製作&縫上翅膀

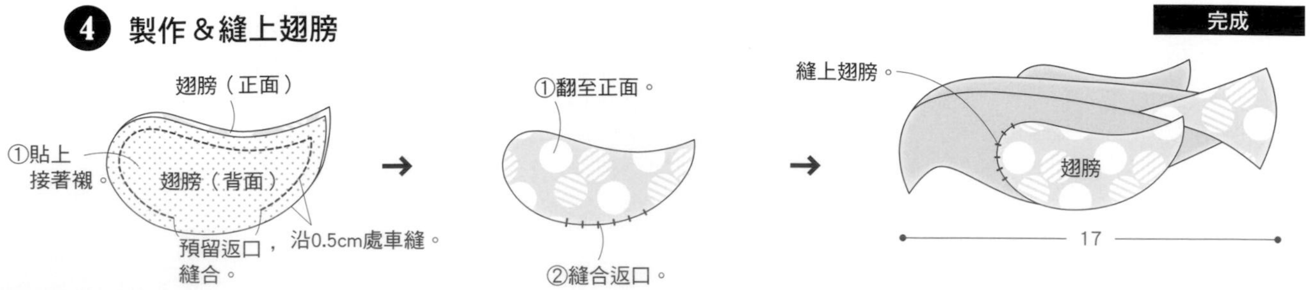

P.35 35

■ 材料

A布（綿・圖案）…20cm寬30cm
B布（綿・素色）…20cm寬20cm
C布（丹寧）…20cm寬30cm
D布（斜紋軟呢）…20cm寬15cm
E布（棉・素色）…20cm寬15cm
F布（平紋針織）…20cm寬15cm
G布（棉・直條紋）…20cm寬25cm
H布（丹寧）…35cm寬15cm

製圖 ※口框內的數字為縫份尺寸。除指定處外，皆外加1cm縫份。

前片（A布至H布・各1片）

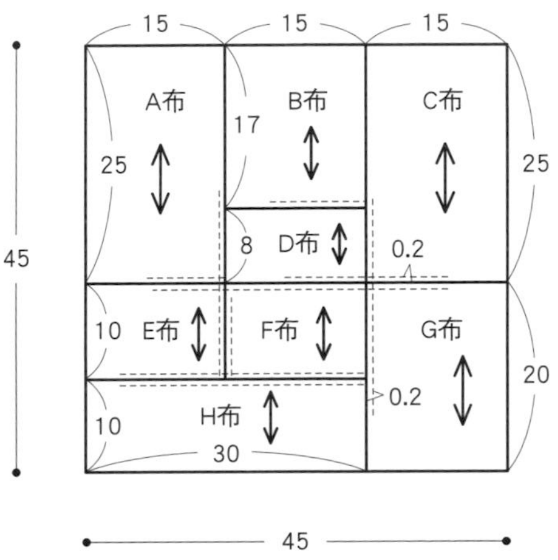

後片（I 布・2片）

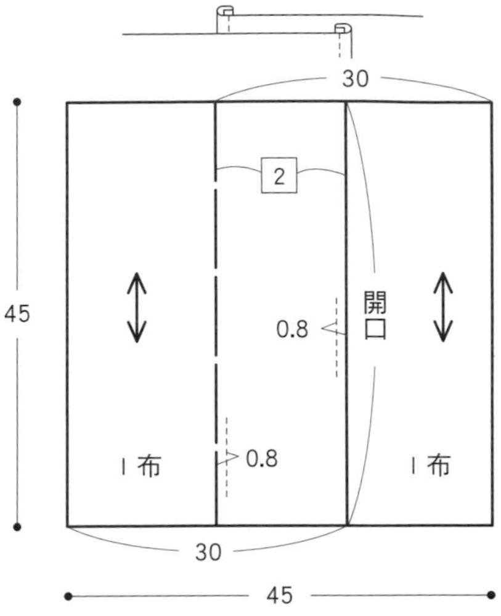

作法

❶ 製作前片

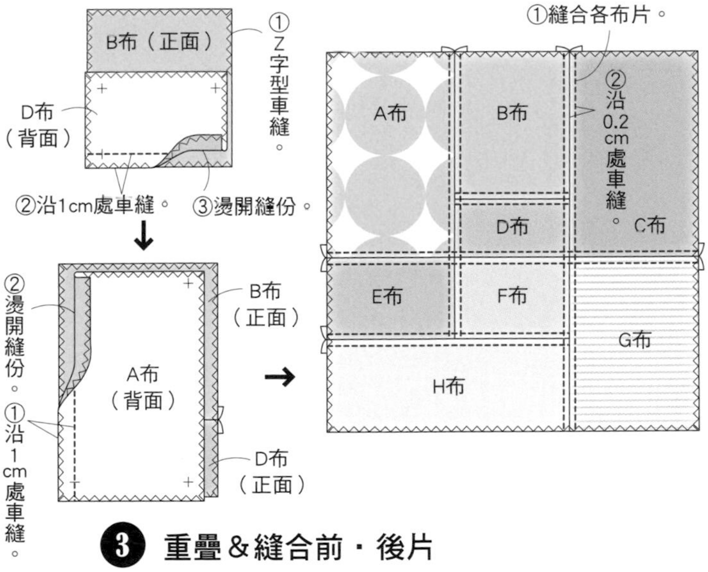

❷ 縫合開口，製作後片

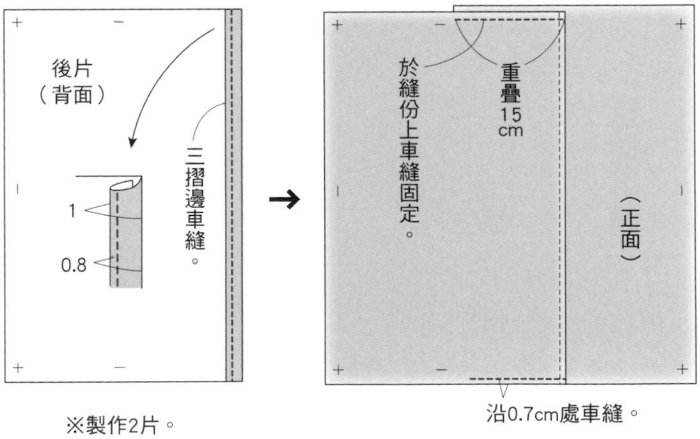

❸ 重疊＆縫合前・後片

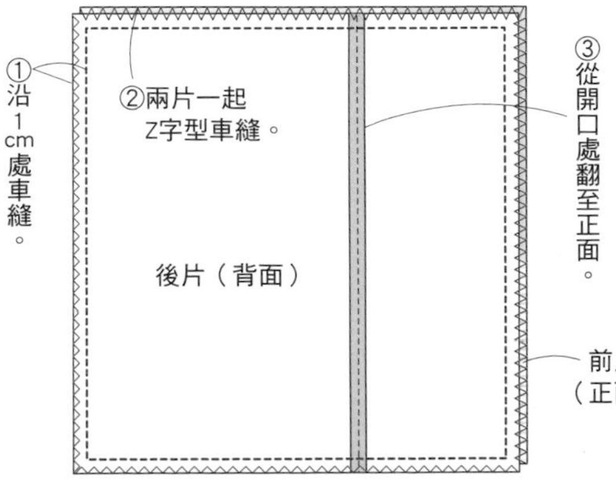

完成

前側

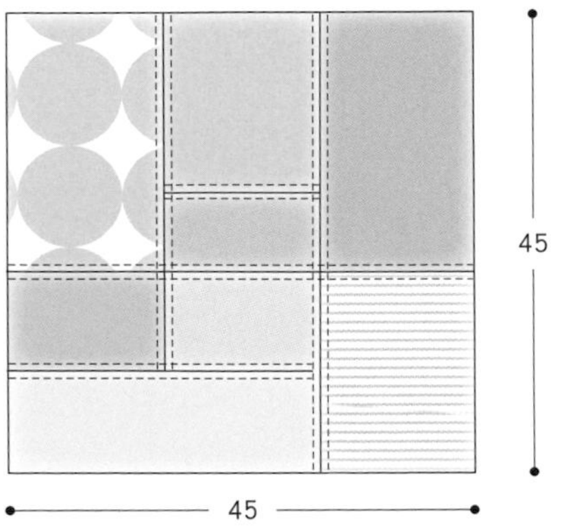

後側

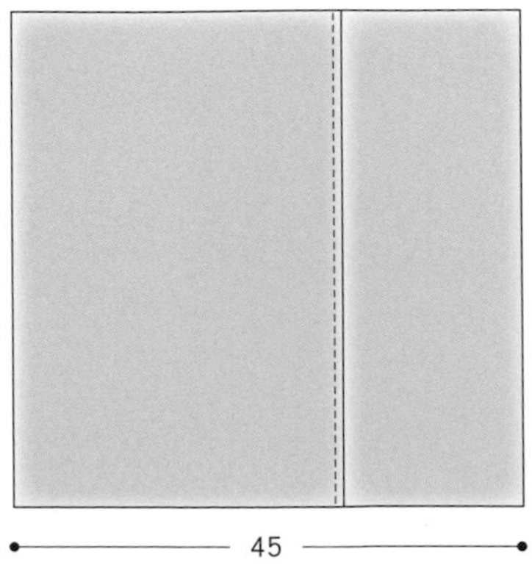

圓形小物盤

三件一組，集齊大・中・小尺寸的布盤。
將裁成圓形的布片縮縫抽皺，再以滾邊條收邊即可。
可放置點心、文具，或飾品等小物。

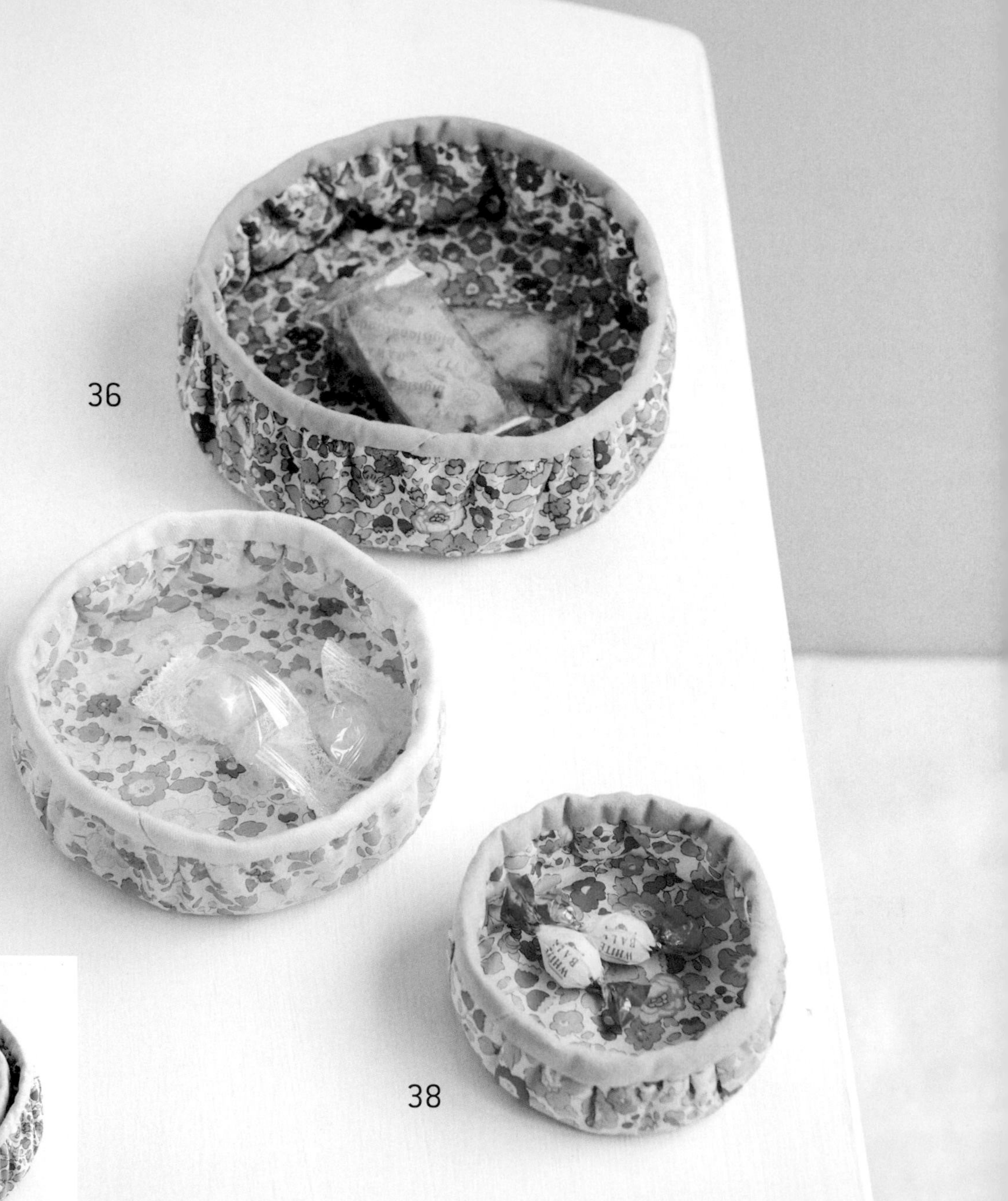

不用時可套疊收納，很省空間。

作法	P.40
設計・製作	Choco-Linge

作法	P.41
設計・製作	猪俣友紀（neige＋）

房子造型小物收納盒

光只是放在房間裡就非常可愛的小房子設計。
取下屋頂蓋子，
就能收納各式各樣的物品。
試著自由發揮，以深色的碎布表現出門或窗戶吧！

屋頂＆房子內側，也使用可愛的零碼布。

P.38 36至38

原寸紙型A面

■ 36材料

A布（綿・圖案）…50cm寬25cm
B布（綿・素色）…40cm寬40cm
單膠鋪棉…25cm寬25cm

■ 37材料

A布（綿・圖案）…40cm寬20cm
B布（綿・素色）…35cm寬35cm
單膠鋪棉…20cm寬20cm

■ 38材料

A布（綿・圖案）…30cm寬15cm
B布（綿・素色）…25cm寬25cm
單膠鋪棉…15cm寬15cm

紙型・製圖 ※皆不外加縫份，直接裁剪。 ⬭=原寸紙型

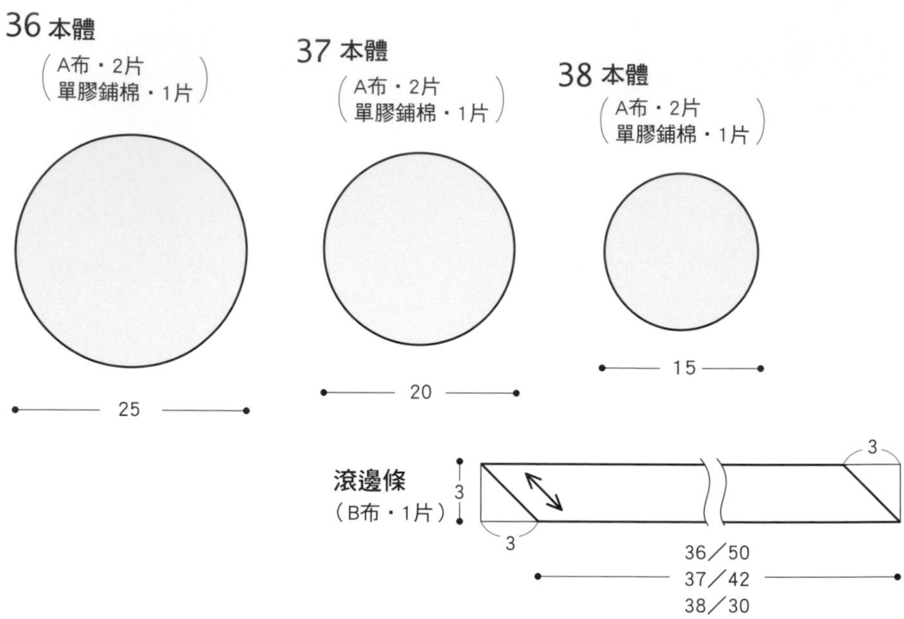

作法

1 貼上單膠鋪棉

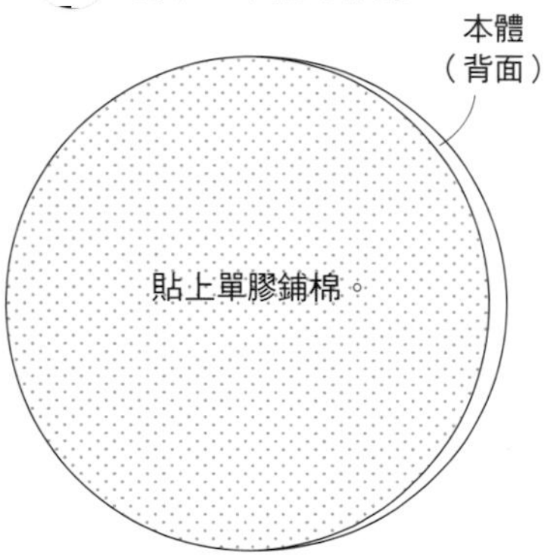

2 重疊2片本體，疏縫一圈

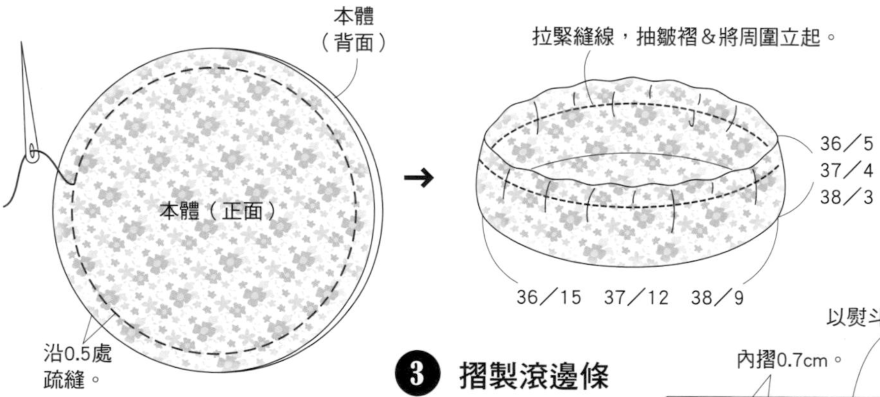

3 摺製滾邊條

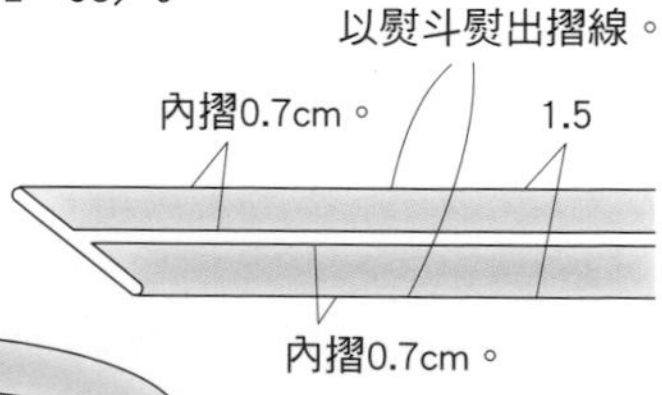

4 縫上滾邊條

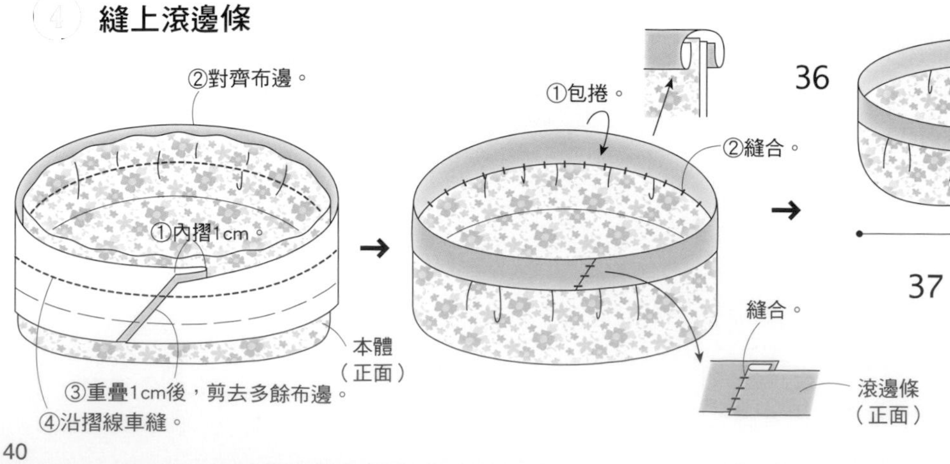

完成

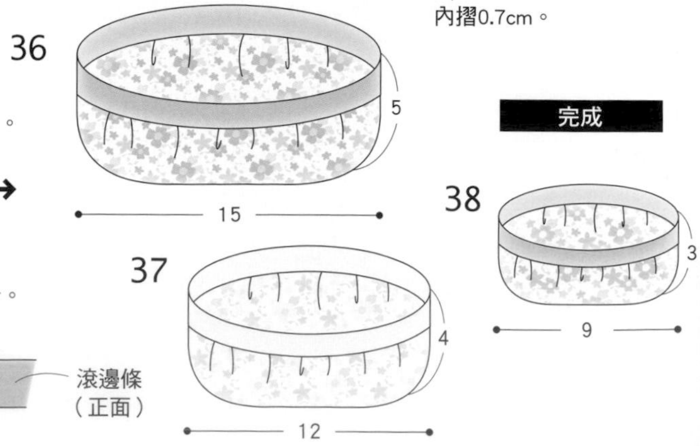

P.39 39・40

原寸紙型B面

■ 材料（1個）

A布（麻・素色）…20cm寬20cm
B布（棉・39直條紋　40圖案）…20cm寬25cm
C布（麻・素色）…15cm寬25cm
D布（棉・圖案）…15cm寬25cm
E布（棉・圖案）…5cm寬5cm
蕾絲（1.2cm寬）…4cm
39／珍珠串珠（4mm）…1個

紙型・製圖　※皆不外加縫份，直接裁剪。　⬭＝原寸紙型

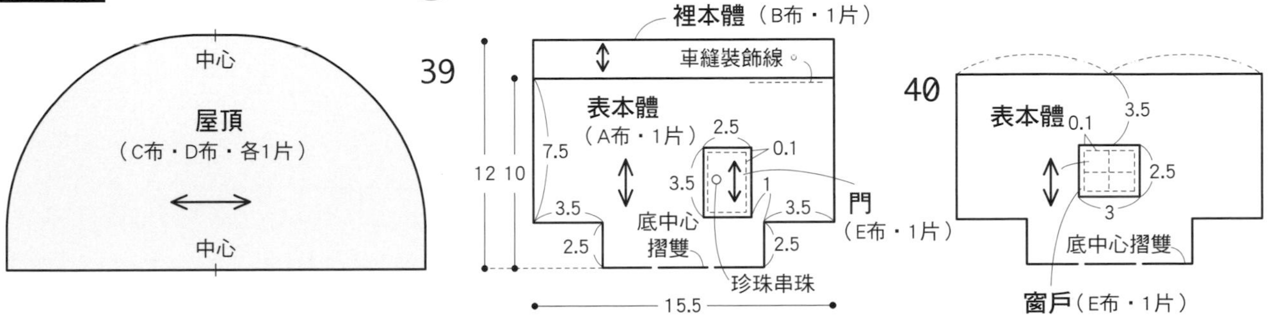

作法

❶ 縫上門、窗

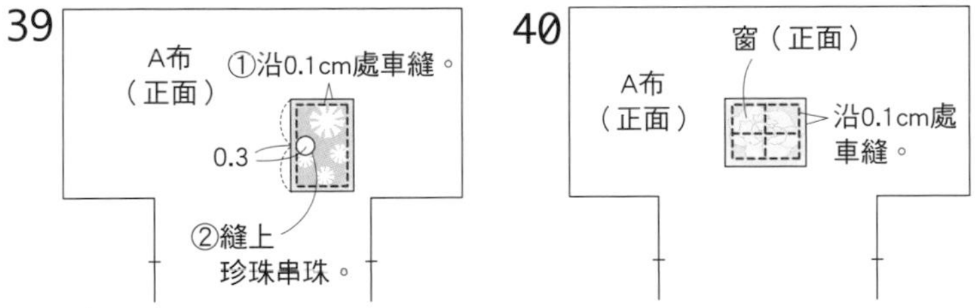

❷ 縫合脇邊

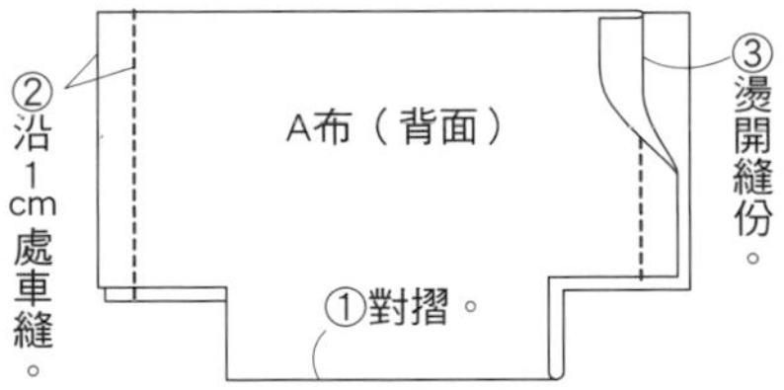

❸ 縫製側身

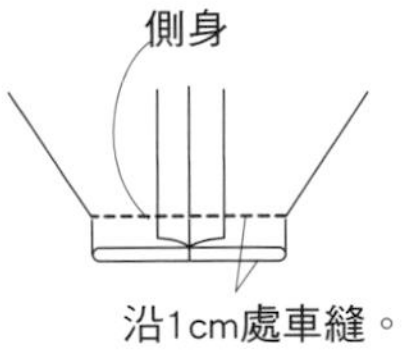

❹ 縫製裡本體，放入表本體後縫合開口

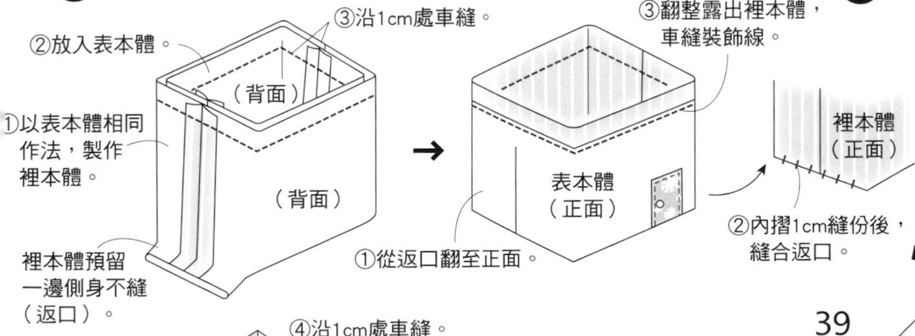

❺ 縫製屋頂

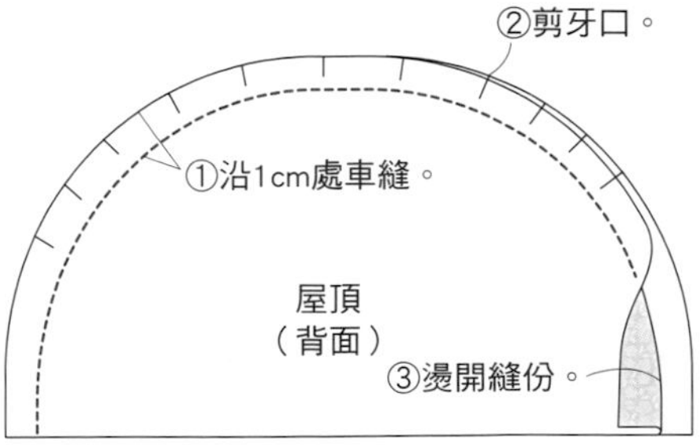

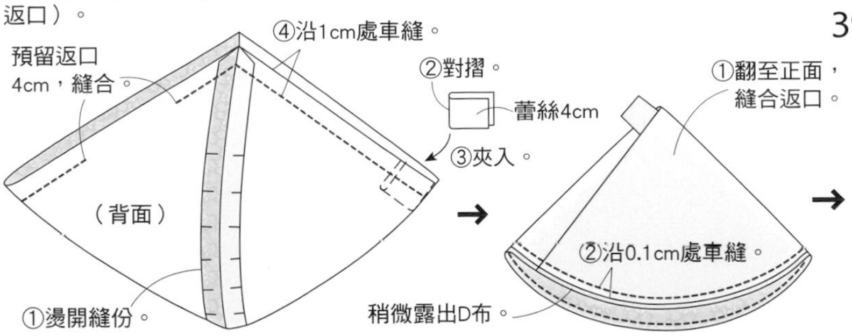

完成

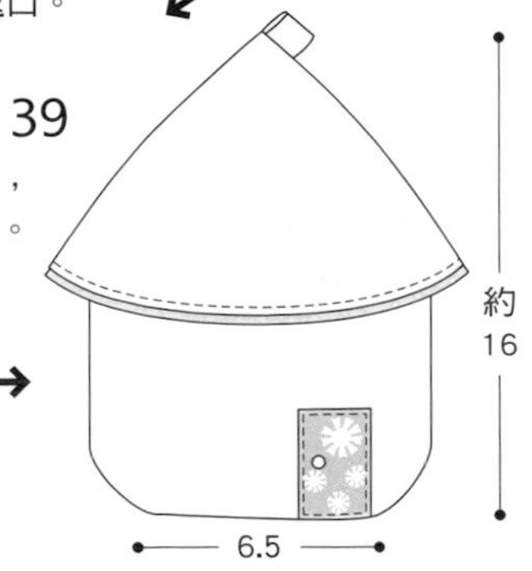

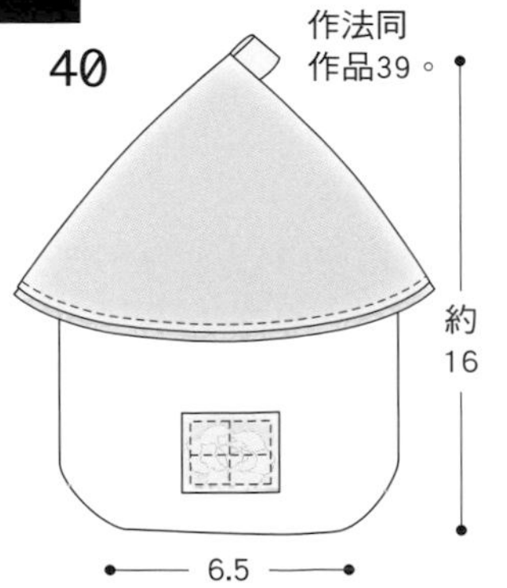

捲筒衛生紙盒

想不想把廁所用的捲筒衛生紙也裝飾的很時髦呢？
此作品附有提把，吊掛使用也OK。
房間或車子裡等各種場所都能派上用場。

41　42

從上方拉出衛生紙。

內側放入裁剪過的透明資料夾，抽取更滑順。

作法	P.44
設計・製作	主婦のミシン

面紙盒

以兩片布製作附有掛環的面紙盒。
可以平放在桌面，
也可吊掛在方便常用的位置，使用方式很靈活。
簡約易作也是它的魅力。

袋口以魔鬼氈開合。

作法	P.45
設計・製作	主婦のミシン

P.42 41·42

原寸紙型A面

■ 材料（1個）

A布（棉・圖案）…35cm寬35cm
B布（棉・直條紋）…40cm寬30cm
接著襯…40cm寬30cm
緞帶（1cm寬）…35cm
透明資料夾…11cm×30cm
問號鉤（3cm）…2個
按釦（1cm）…2組

紙型・製圖　※除指定處外，皆外加1cm縫份。　　=原寸紙型

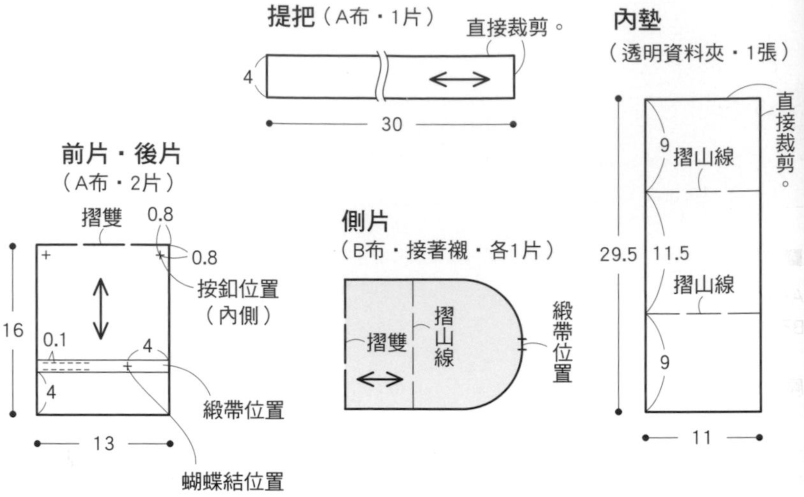

作法

1 縫合側片

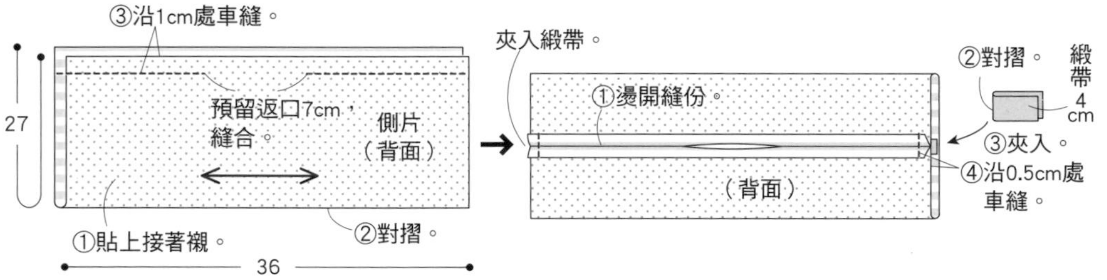

2 縫圓弧

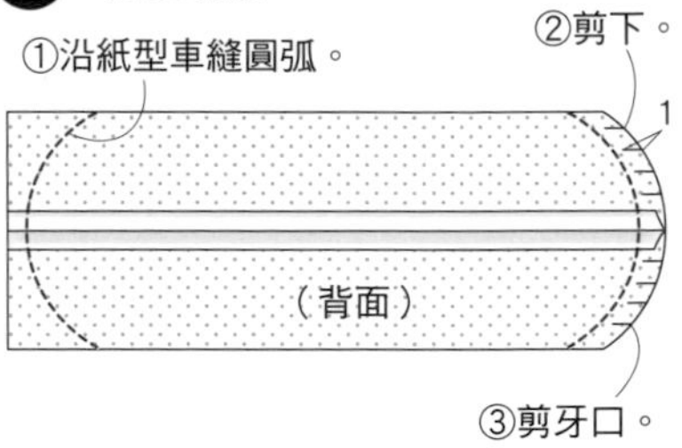

3 翻至正面

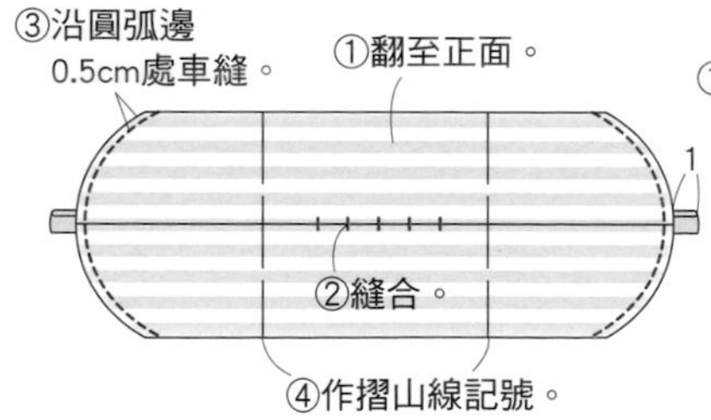

4 將前片縫上緞帶

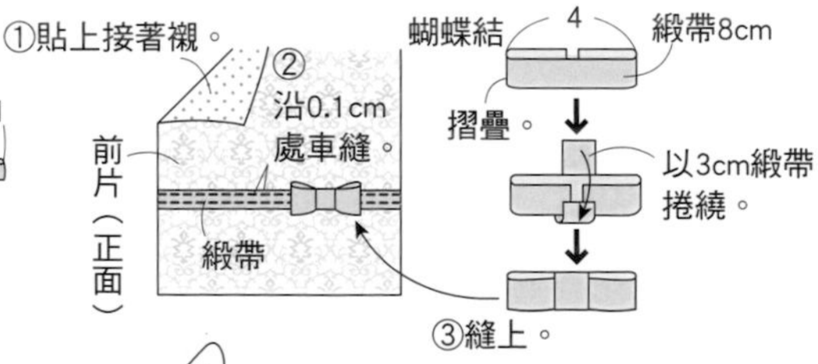

5 縫製前片＆後片

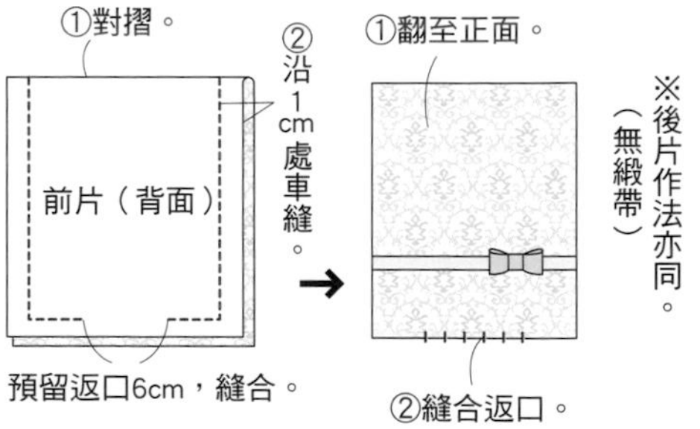

6 接縫前片・後片・側片

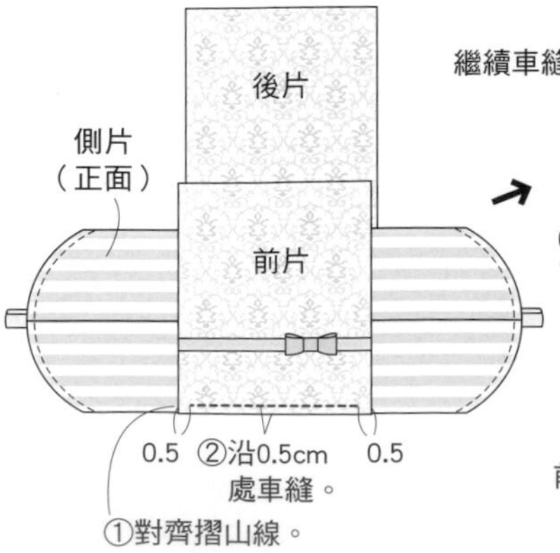

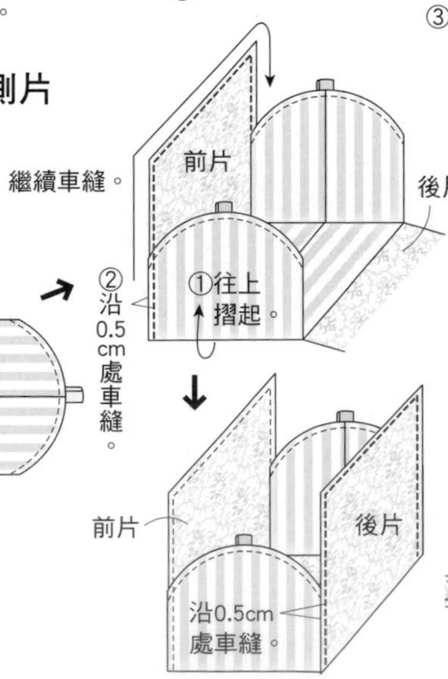

7 裝上按釦

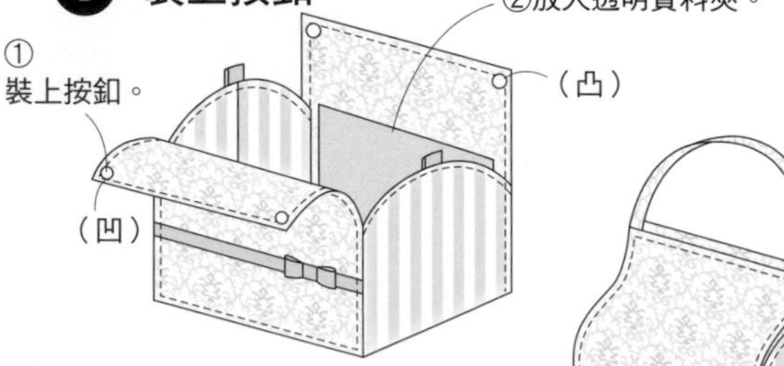

8 製作提把

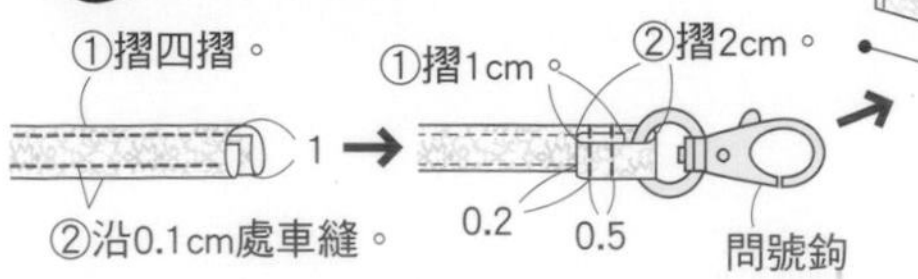

完成

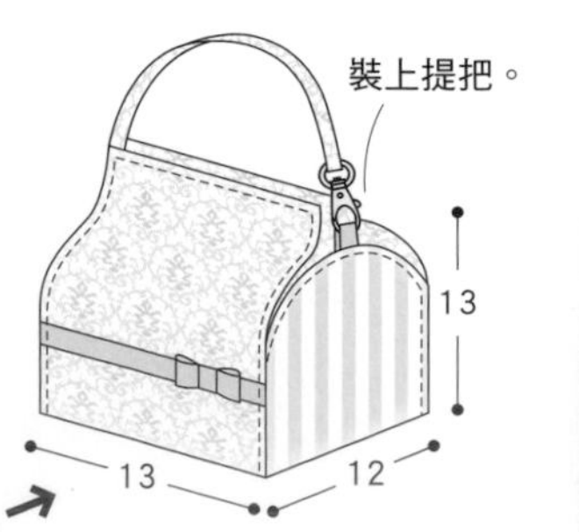

■ 材料（1個）

A布（棉・圖案）⋯30cm寬40cm

B布（綿・43／橫條紋　44／直條紋）⋯25cm寬40cm

魔鬼氈（2cm寬）⋯5cm

製圖

※皆不外加縫份，直接裁剪。

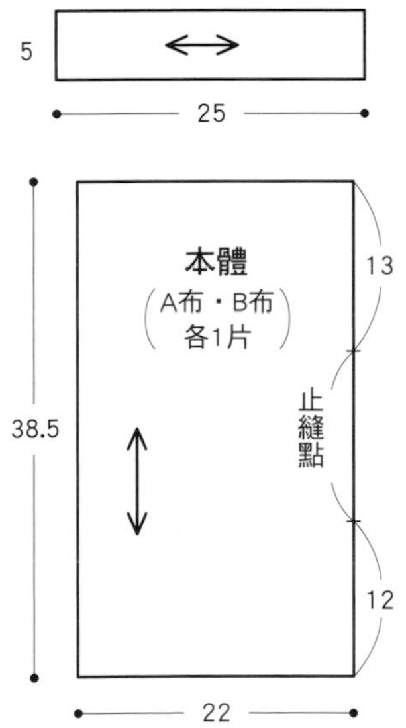

作法

1 製作掛環

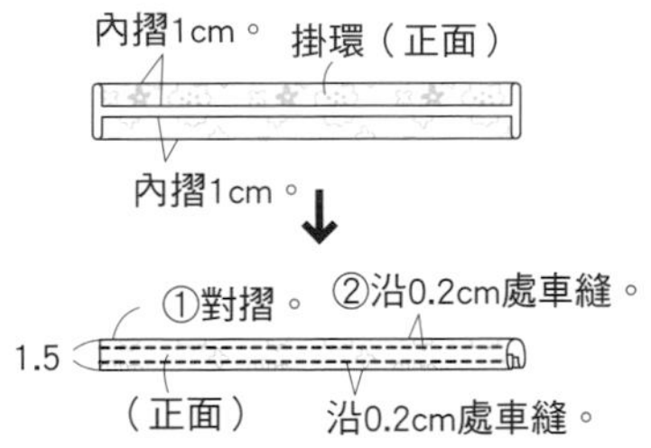

2 縫合2片本體布

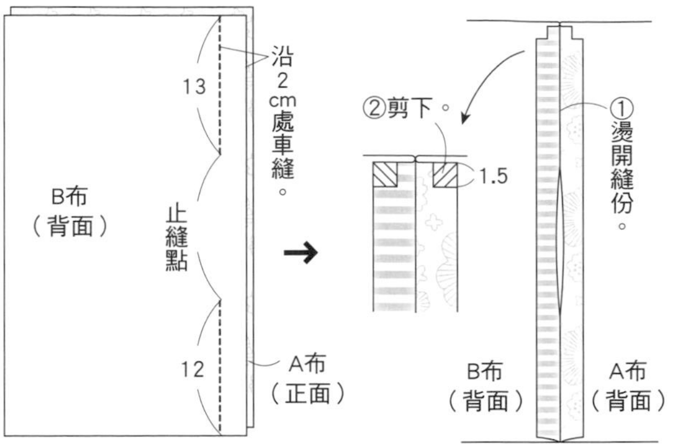

3 縫製開口

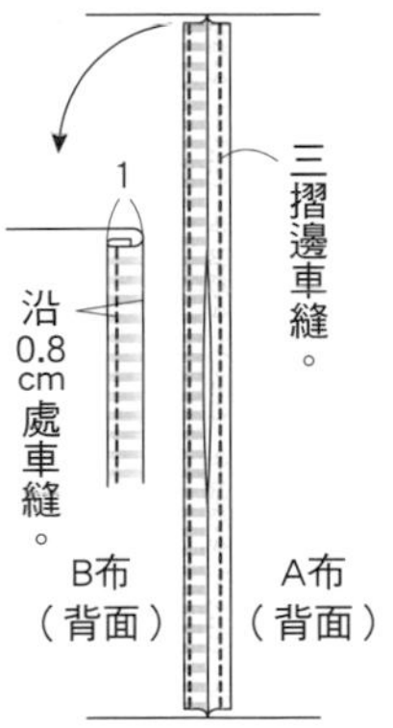

4 以Z字型車縫處理布邊

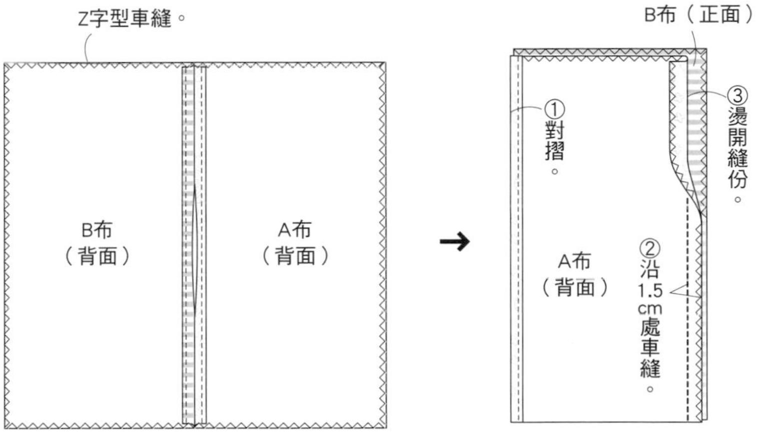

5 夾入掛環後縫合，並縫上魔鬼氈

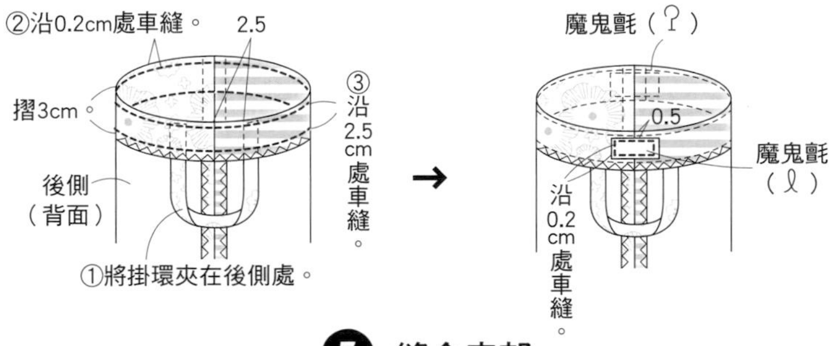

6 摺疊本體

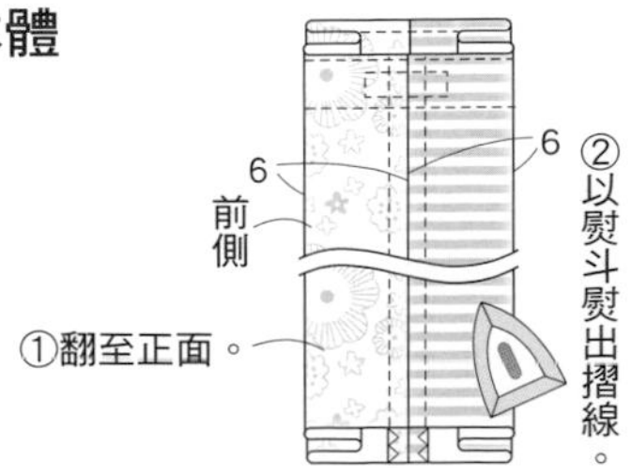

7 縫合底部

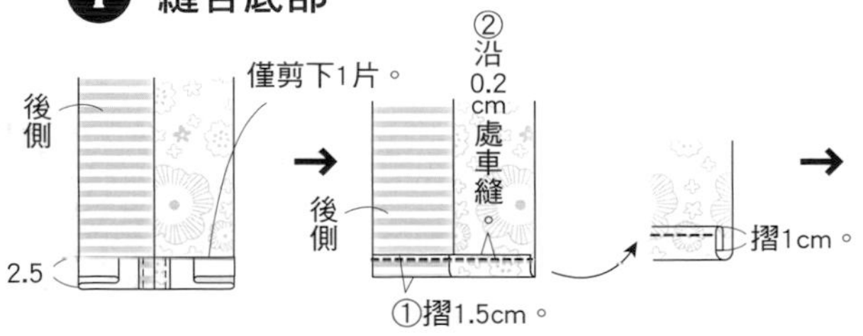

完成

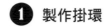

PART 4

生活日用布小物

鑰匙包＆書套

讓剩餘的可愛零碼布，
化身成每天使用的小物如何呢？
45為書本造型的鑰匙包，
46為文庫本尺寸的書套。

作法	45／P.48
	46／P.49
設計・製作	猪俣友紀（neige＋）

45

46

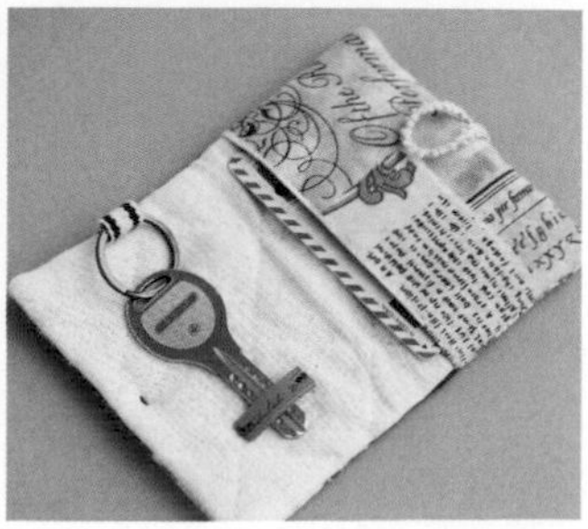

在鑰匙包內側縫上皮革當作裝飾，並可保護鑰匙前端。
夾入票卡使用也很方便喔！

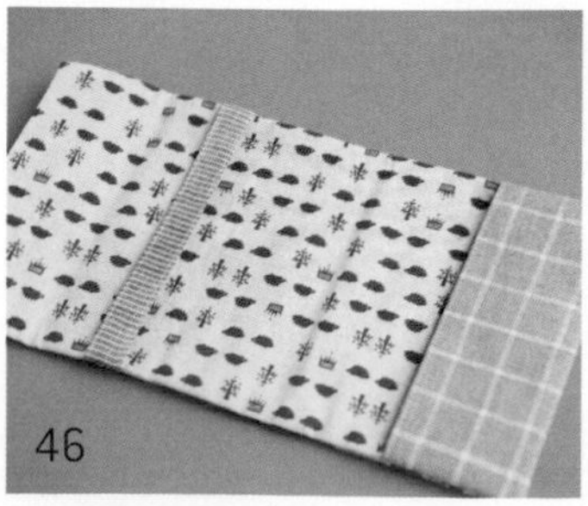

書套為文庫本尺寸，可隨意配置布片自由製作。

票卡夾

以蝴蝶結花樣的Liberty碎花布，作出不同色彩的票卡夾。
可放入IC卡或定期票，
為通勤或上下課時段添加愉快好心情。

作法	P.90
設計・製作	Choco-Linge

背面也有外口袋。

P.46 45

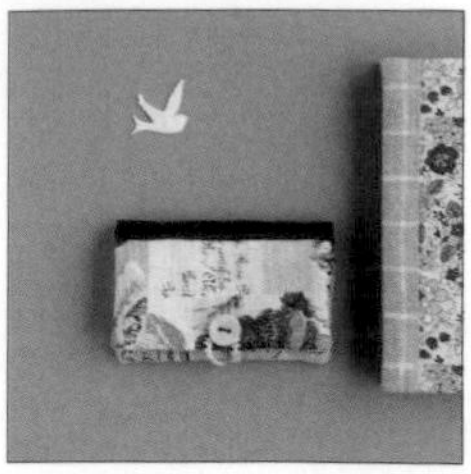

■ 材料

A布（棉麻・圖案）…2種各10cm寬15cm
B布（棉麻・素色）…5cm寬15cm
C布（鋪棉布）…15cm寬15cm
D布（棉・圖案）…15cm寬15cm
織帶（1.1cm寬）…10cm
緞帶（0.4cm寬）…10cm
鈕釦（1.5cm）…1個
皮革帶（0.7cm寬）…2.5cm
雙層環（3cm）…1個

製圖

※皆外加0.7cm縫份。

表本體（A布・2片 B布・1片）

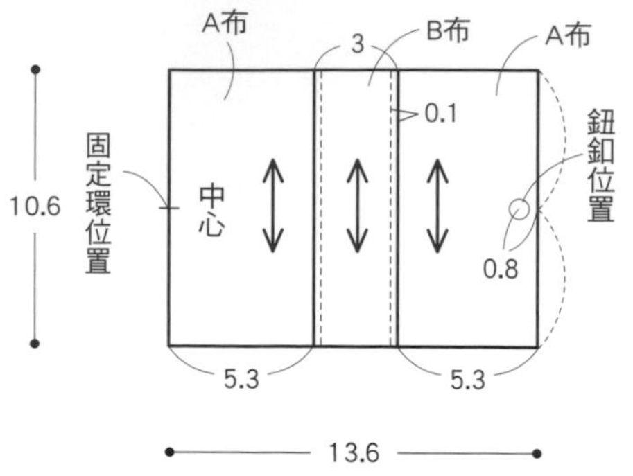

裡本體（C布・1片） **口袋**（D布・1片）

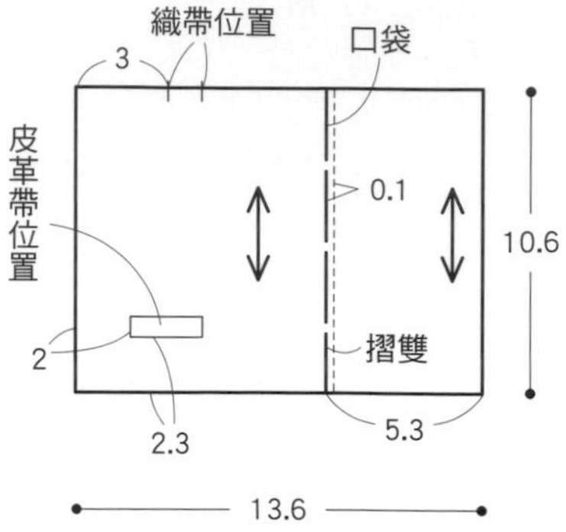

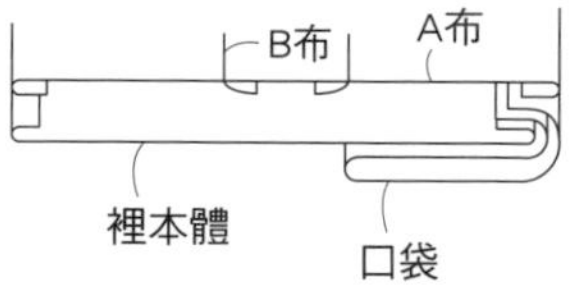

作法

1 製作表本體

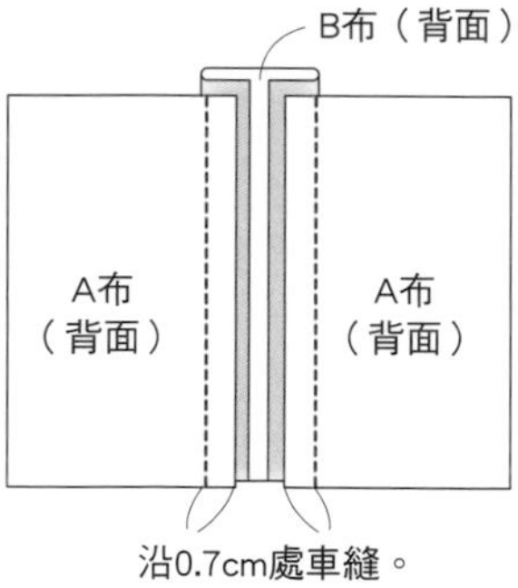

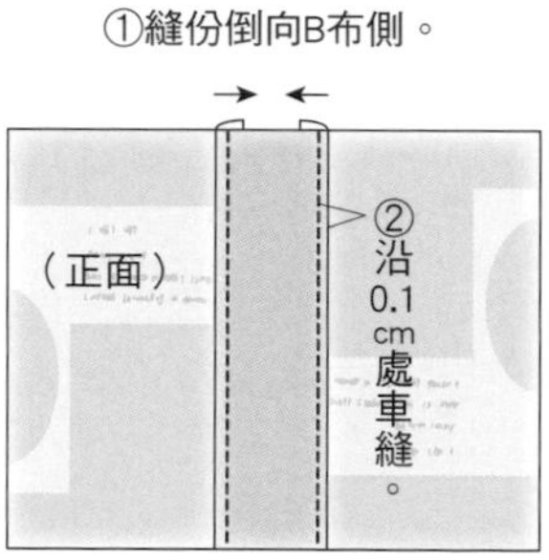

2 縫上固定環

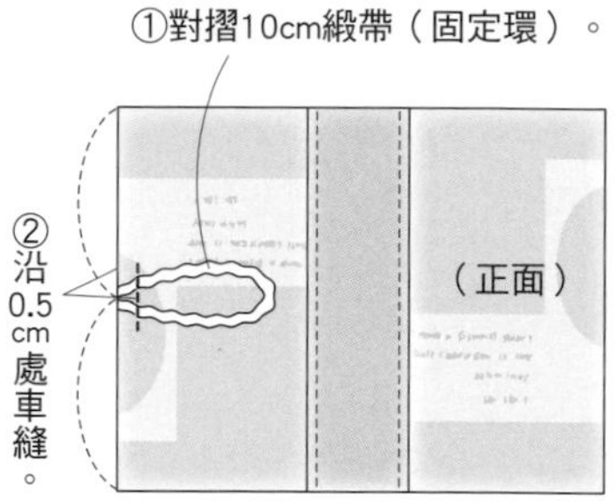

3 縫上雙層環

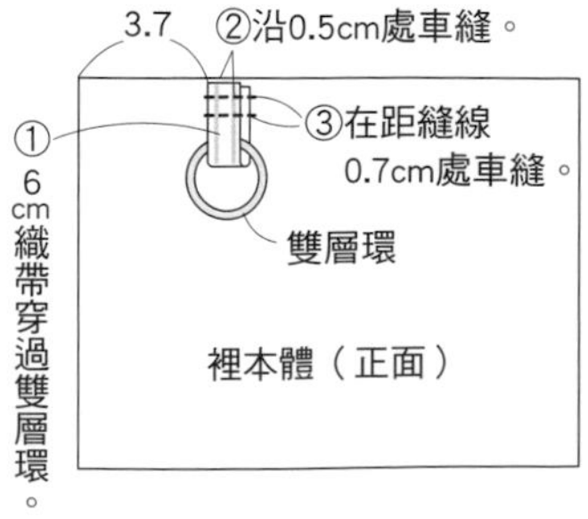

4 縫上口袋

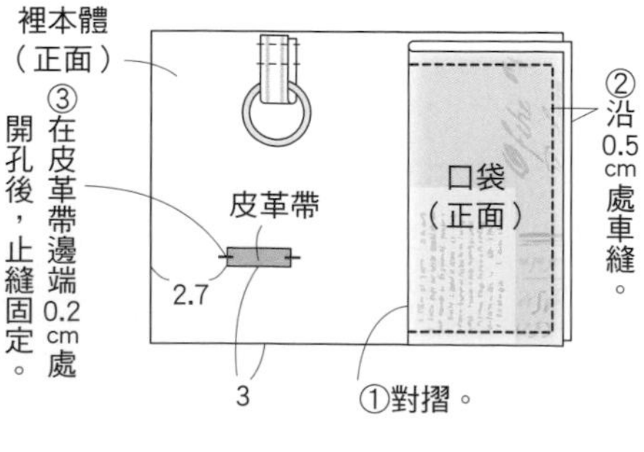

5 縫合表・裡本體

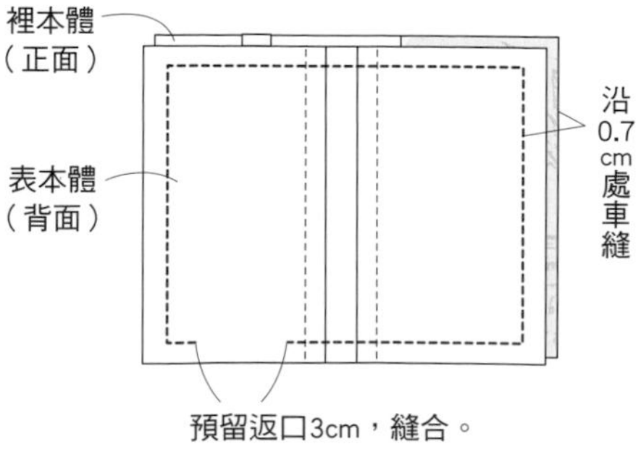

6 翻至正面，縫上鈕釦

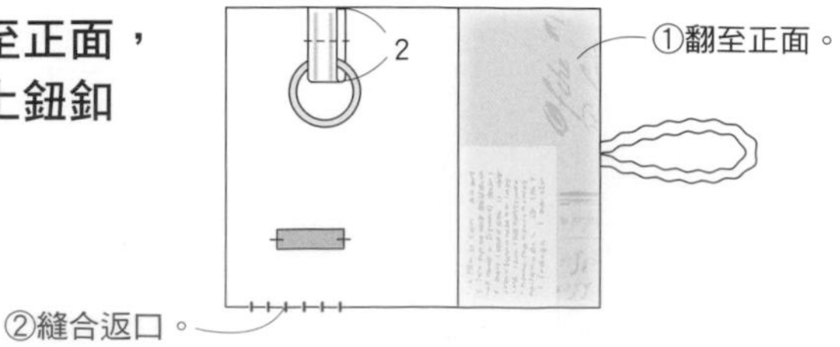

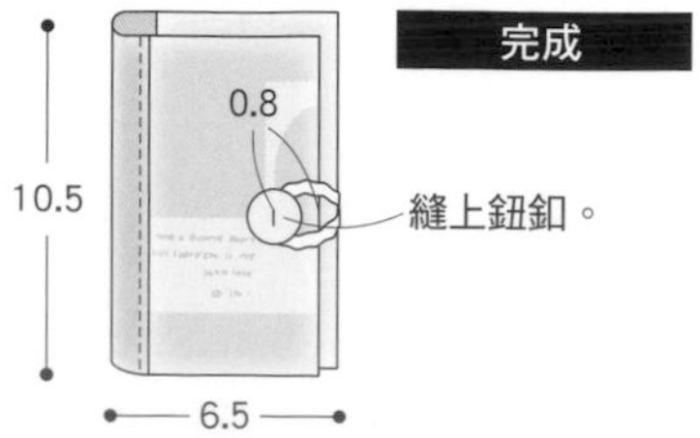

P.46 46

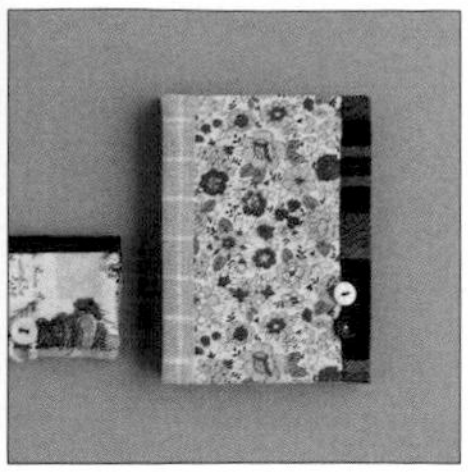

■ 材料

A布（麻・格紋）…15cm寬20cm　B布（棉麻・圖案）…10cm寬20cm
C布（棉・格紋）…10cm寬20cm　D布（棉麻・圖案）…10cm寬20cm
E布（麻・素色）…10cm寬20cm　F布（棉・圖案）…30cm寬20cm
G布（麻・橫條紋）…10cm寬20cm
接著襯…45cm寬20cm　鈕釦（1.2cm・1.3cm）…各1個

製圖　※除指定處外，皆外加1cm縫份。

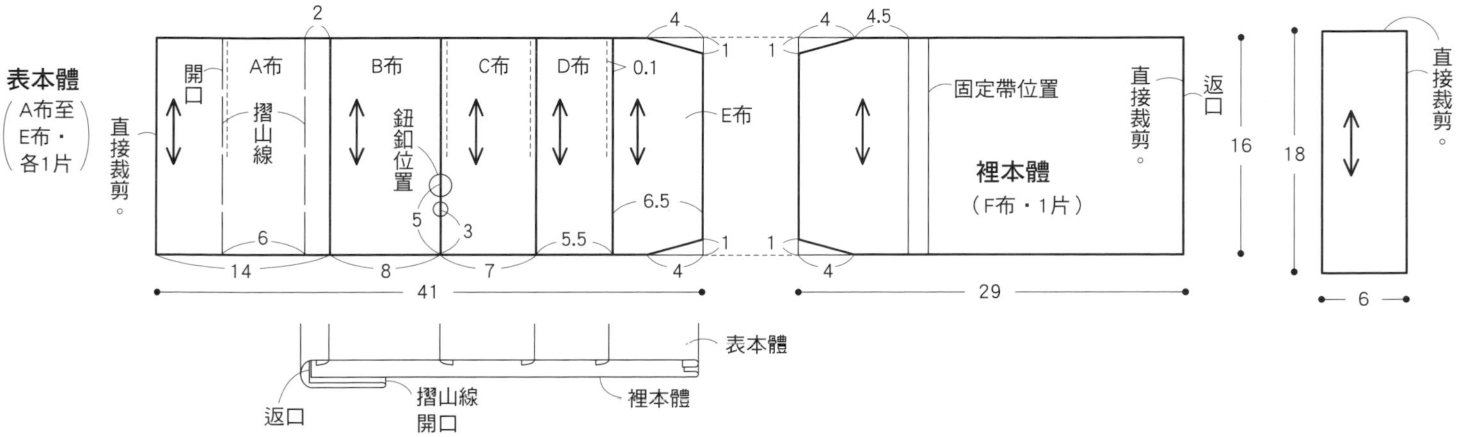

作法

1 製作表本體

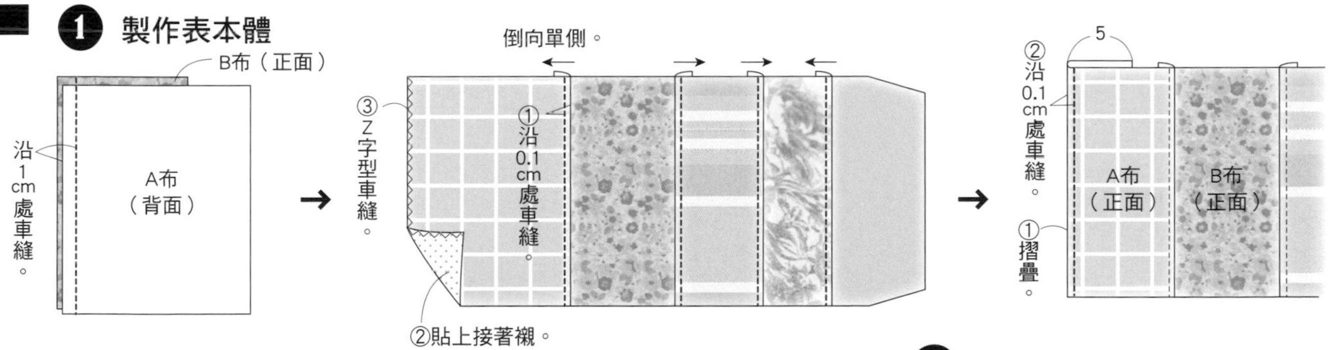

2 製作固定帶

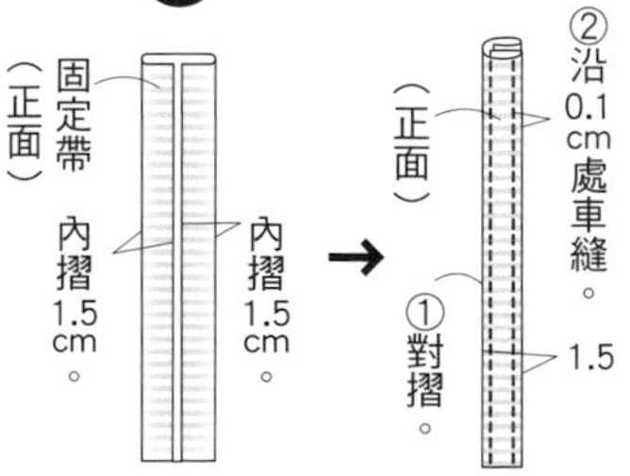

3 縫上固定帶

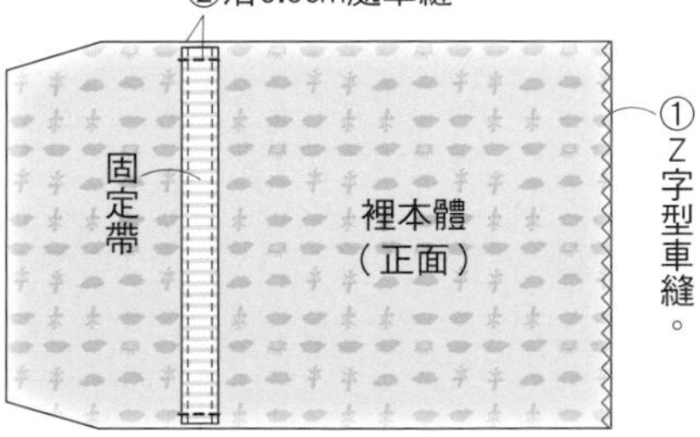

4 縫合表・裡本體

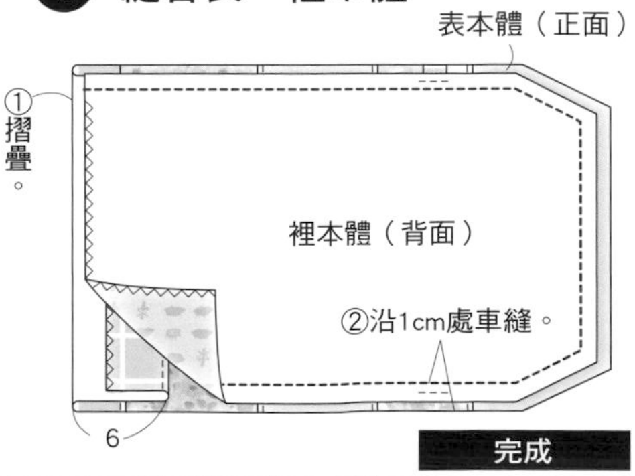

5 翻至正面

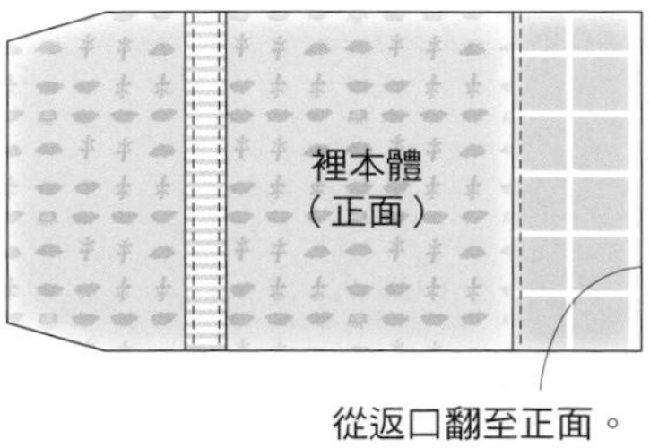

完成

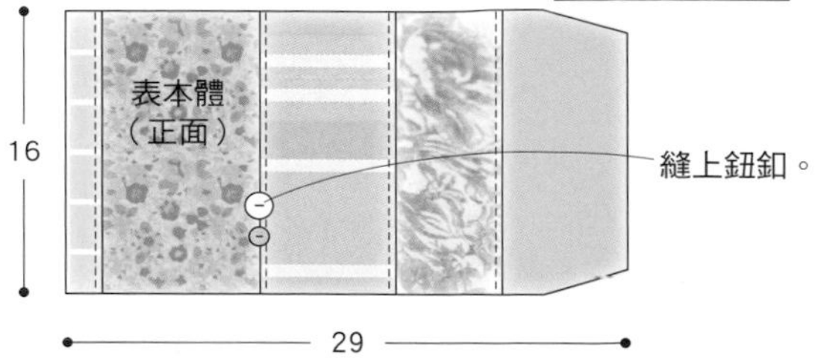

兔子便當袋

將三角袋設計成兔子形，作成造型可愛的便當袋。
表布為素色亞麻布，裡布則是花朵圖案。
將袋口打一個結，就變成兔子耳朵囉！

50

作法	P.52
設計・製作	蘆田寛実

束口抽繩的設計。
內裡使用格紋或水玉布料都很可愛！

51

52

寶特瓶套

藍色系或橘色系，
以四角形布片拼接製成的寶特瓶套。
愉快地組合衣服圖樣＆花朵圖案等各種布料吧！

作法	P.53
設計・製作	*Ajour

P.50 50

原寸紙型B面

■ 材料

A布（麻・素色）…100cm寬80cm
B布（棉・圖案）…100cm寬80cm
鈕釦（1.1cm）…2個
25號繡線（焦茶色）

紙型

※外加1cm縫份，中心線摺雙。
描下2張原寸紙型。

◯=原寸紙型

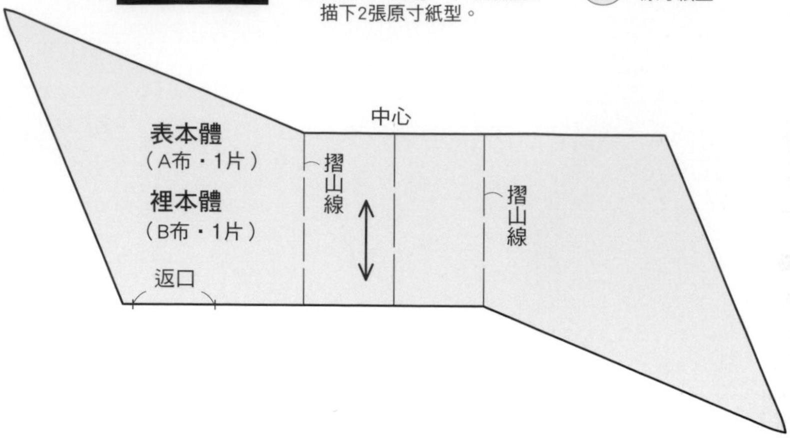

作法

1 縫合表・裡本體

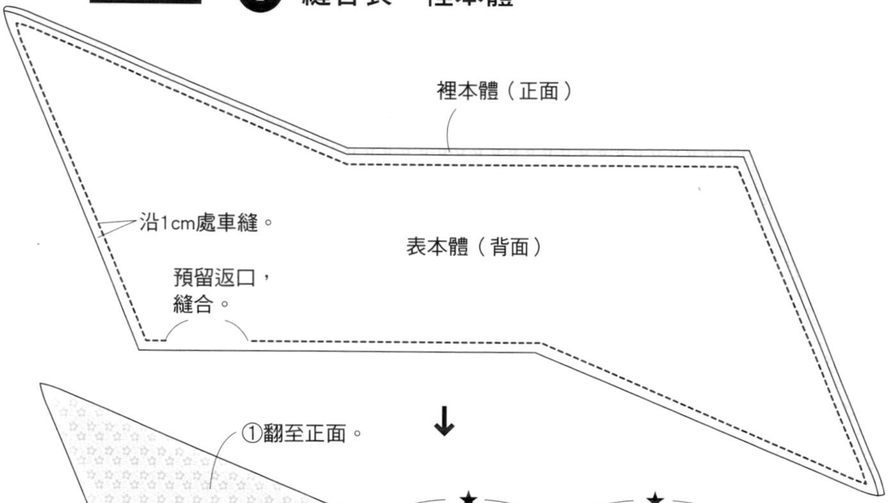

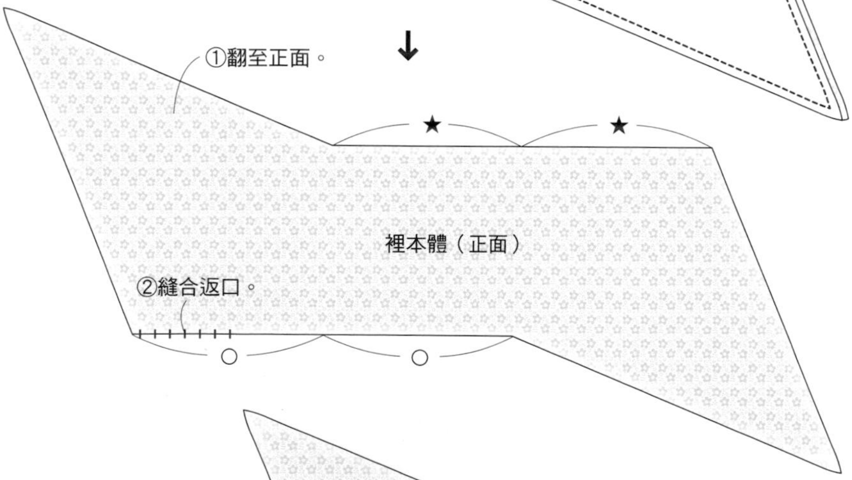

2 對齊相同記號縫合

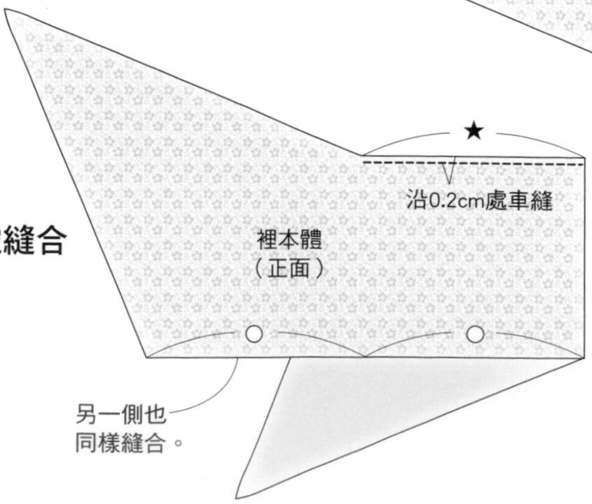

3 車縫側身

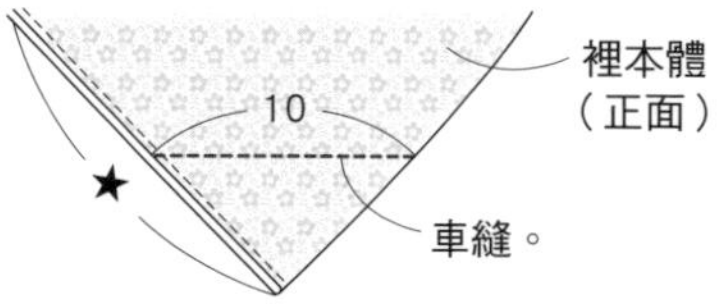

※○記號側縫法亦同。

4 縫上鈕釦＆加上刺繡

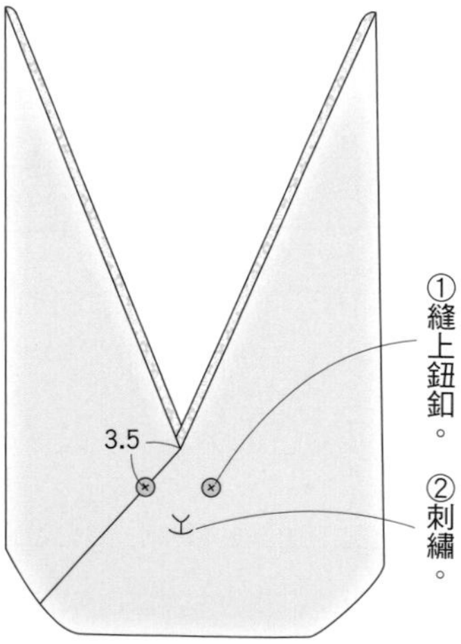

完成

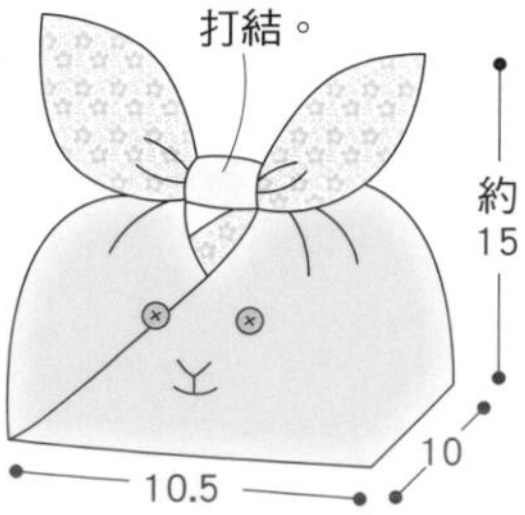

P.51 51・52

原寸紙型B面

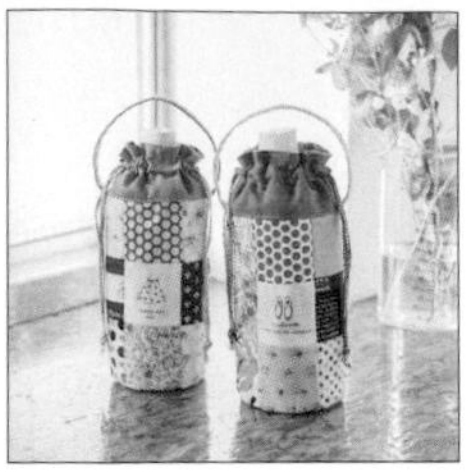

■ 材料（1個）

A布（棉・圖案）…15種各7cm寬7cm
B布（棉・素色）…25cm寬20cm
C布（棉・圖案）…35cm寬25cm
D布（棉・圖案）…30cm寬30cm
繩子（0.3cm寬）…100cm

紙型・製圖 ※口框內的數字為縫份尺寸。除指定處外，皆外加1cm縫份。 ○=原寸紙型

表口布A（B布・1片）**表口布B**（B布・2片）
裡口布（C布・1片・無拼接，完整1片）

表底（B布・1片）
裡底（D布・1片）

提把（C布・1片）

表本体（A布・15片）
裡本體（D布・1片）（無拼接・完整1片）

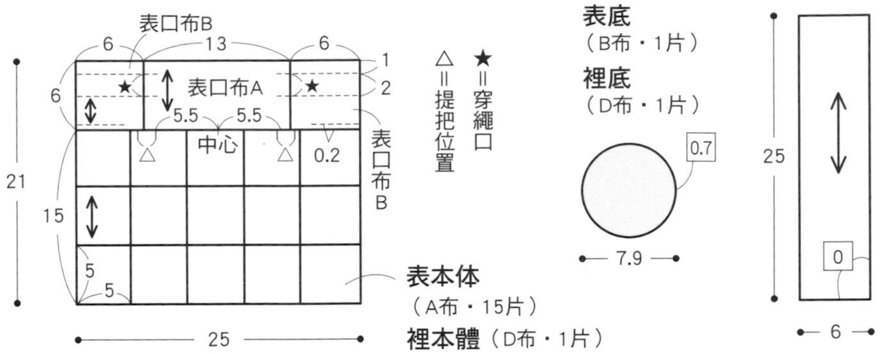

作法

1 製作表本體

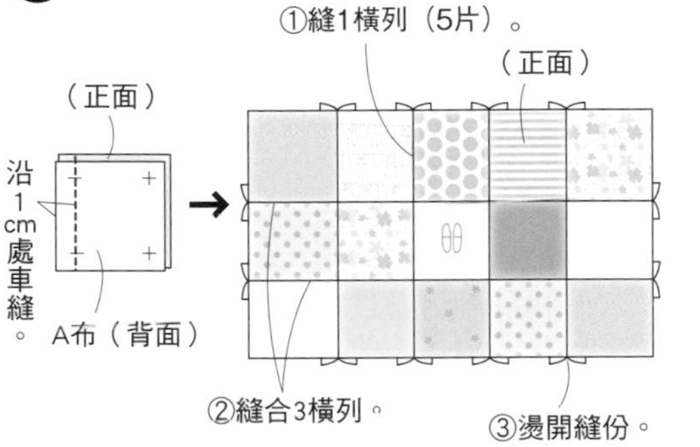

2 製作＆縫上提把

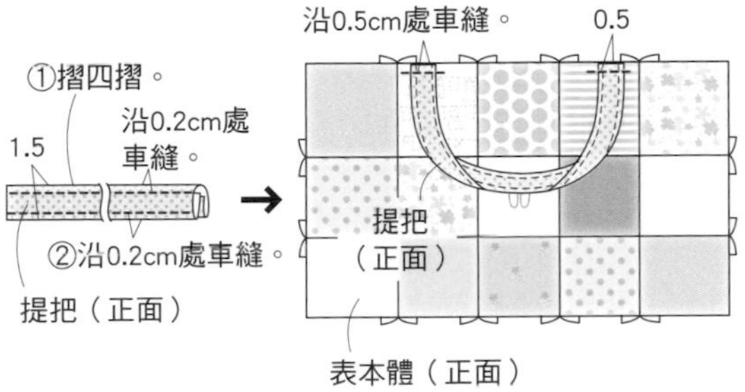

3 接縫表口布A・B

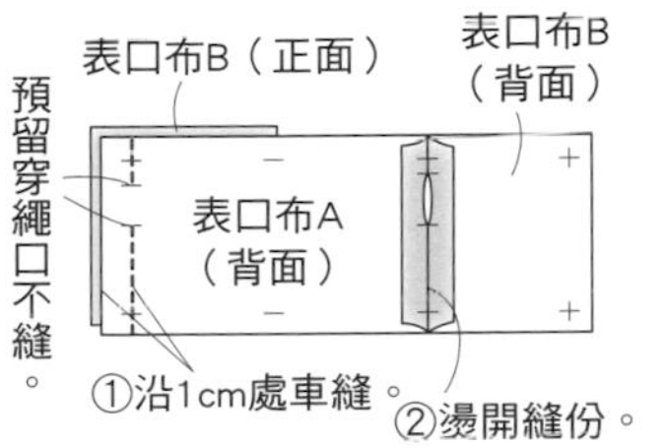

4 縫上表口布

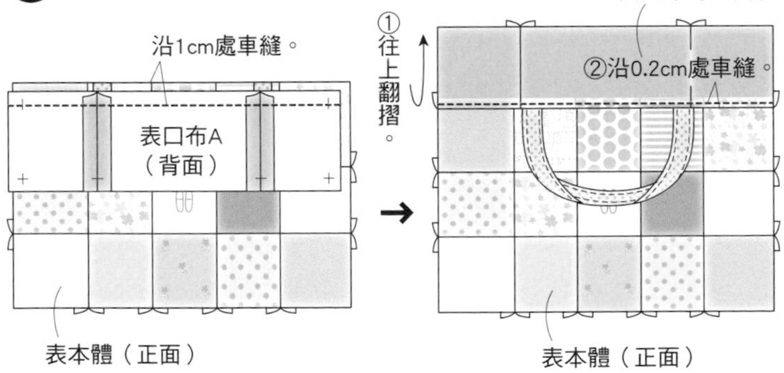

5 縫合脇邊＆底部

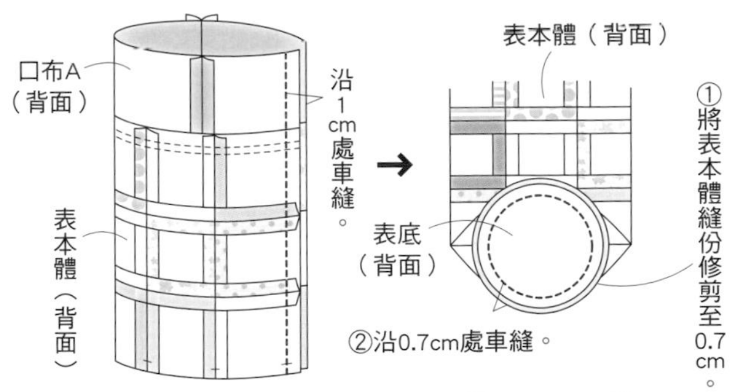

6 縫製裡本體＆縫上裡底

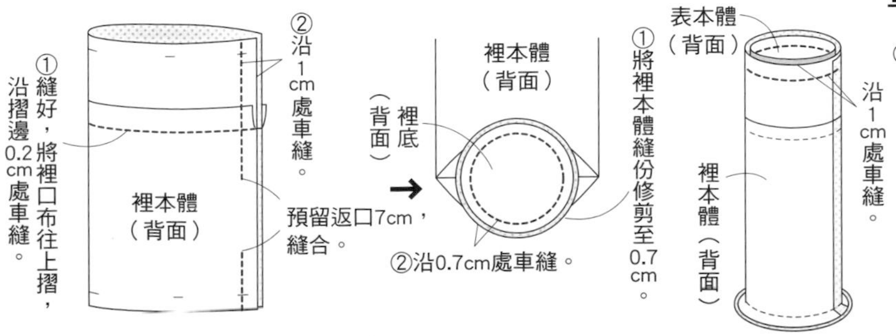

①縫好，將裡口布往上摺，沿摺邊0.2cm處車縫。
②沿1cm處車縫。
裡本體（背面）
預留返口7cm，縫合。
裡本體（背面）
裡底（背面）
②沿0.7cm處車縫。
①將裡本體縫份修剪至0.7cm。

7 縫合袋口後，翻至正面，車縫穿繩通道

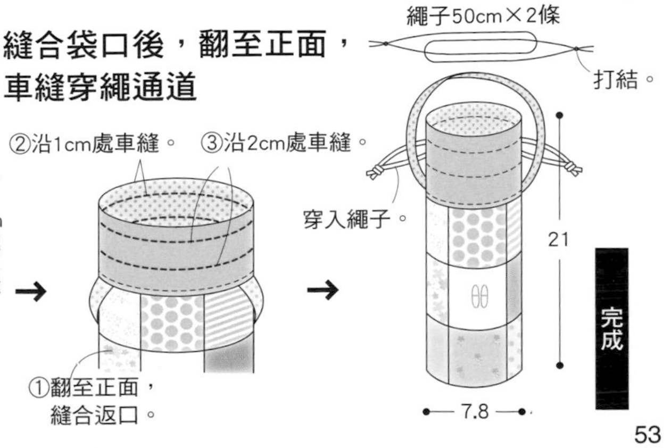

工具包

縫上鈕釦小裝飾，可收納線剪的工具包。
將線剪握柄以碎布條纏捲後，
手感柔和，視覺上也變得更可愛了！

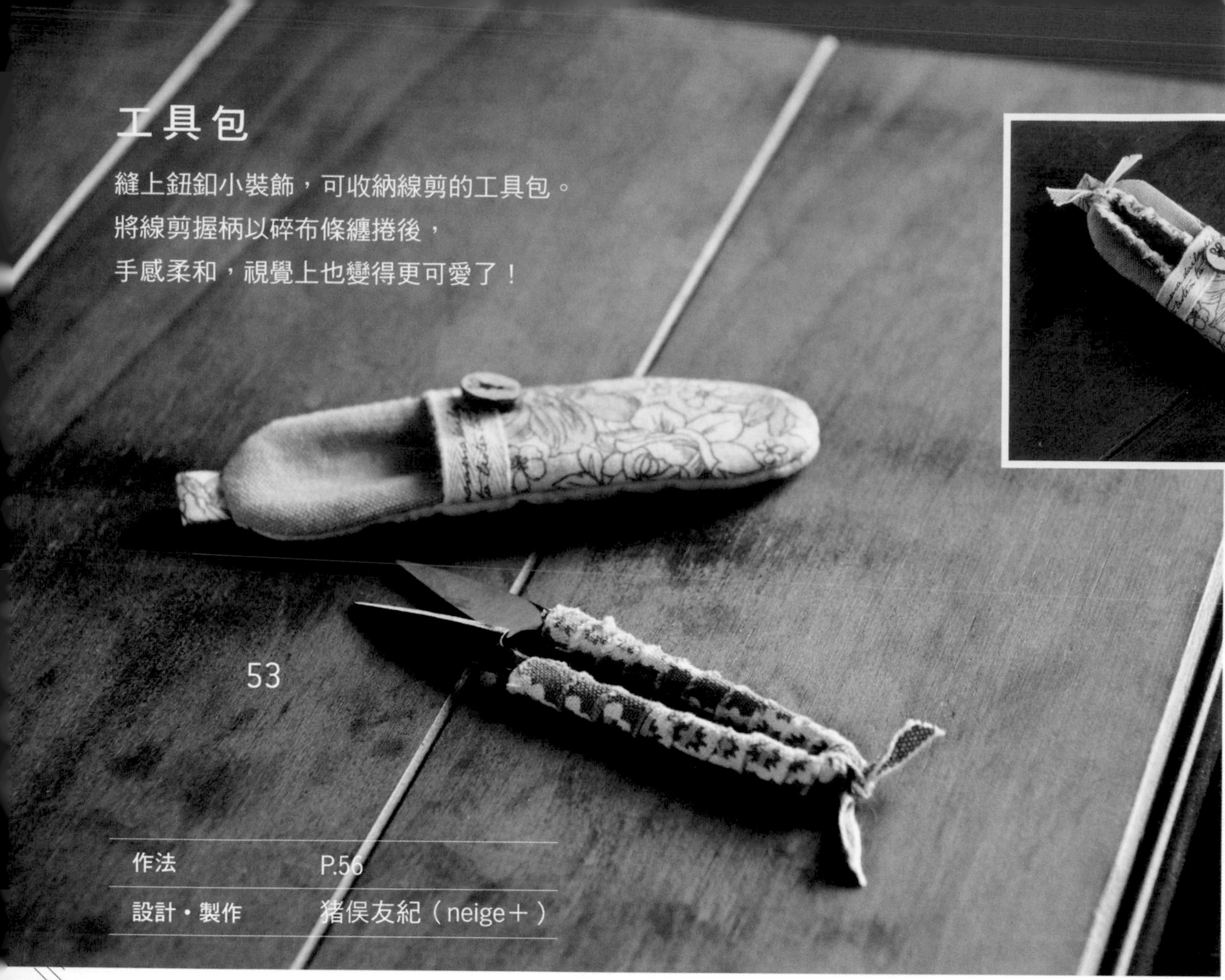

作法	P.56
設計・製作	猪俣友紀（neige＋）

針插

以兩片正方形布片，
製作法式針插。
將邊角縫成高低錯落狀，
即可完成這特殊的造型。
對比色的配布效果也相當有趣唷！

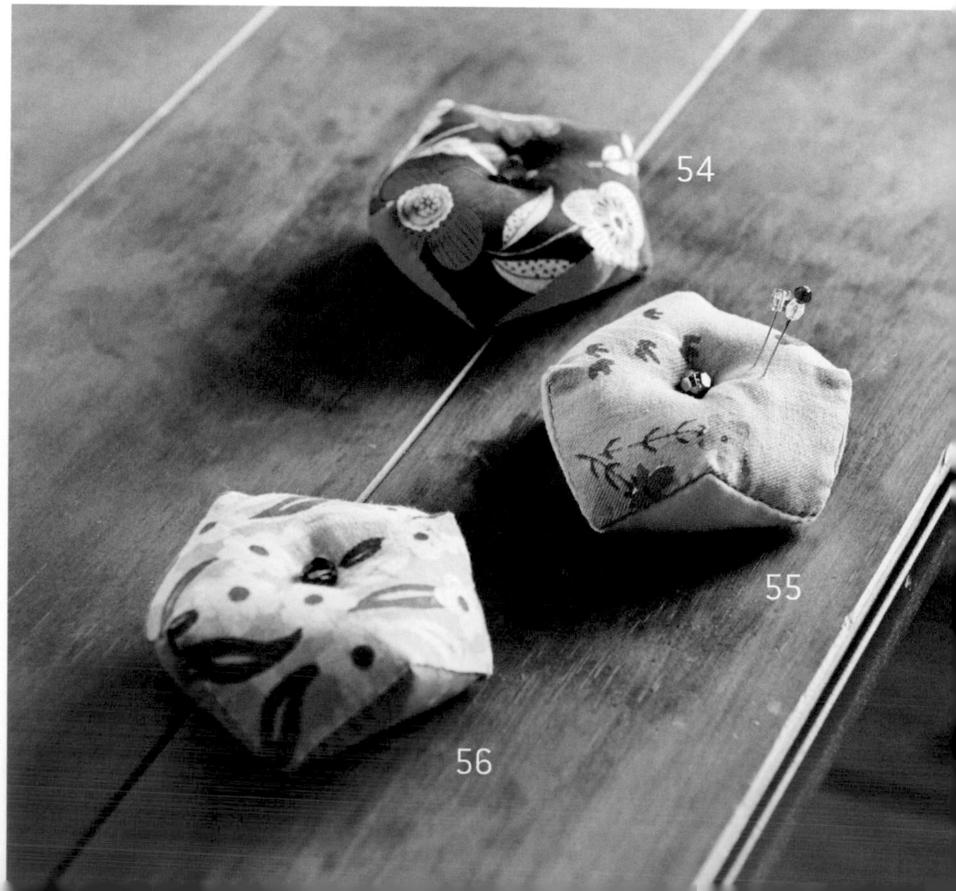

作法	P.57
設計・製作	minekko

南瓜針插

集合七片碎布，
縫製成可愛的南瓜針插。
不只可以放入裁縫箱，
直接擺在房間作裝飾也非常可愛。

鮮豔色彩的搭配，既獨特又吸睛。

58

59

57

作法	P.91
設計・製作	majam35

P.54 53

原寸紙型B面

■ 材料

A布（棉・圖案）…10cm寬20cm
B布（棉・素色）…5cm寬15cm
C布（鋪棉布）…5cm寬15cm
D布（棉・圖案）…1cm寬80cm
織帶A（1.2cm寬）…5cm
織帶B（0.5cm寬）…10cm
鈕釦（1.1cm）…1個
線剪（11cm）…1把

紙型・製圖　※皆不外加縫份，直接裁剪。 ◯=原寸紙型

纏捲線剪用的布（D布・1片）

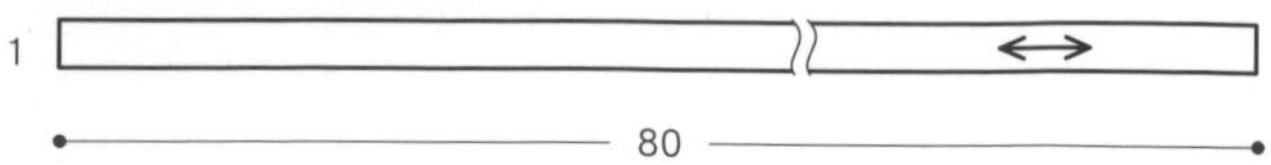

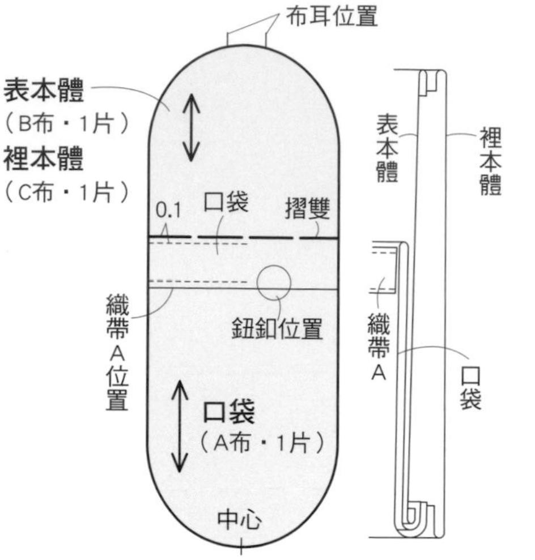

布耳
（A布・1片）

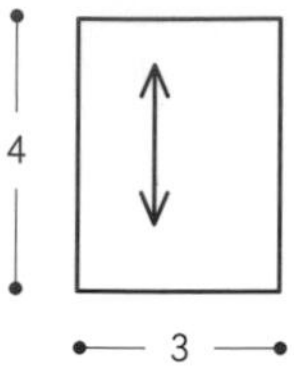

作法

1 製作＆縫上口袋

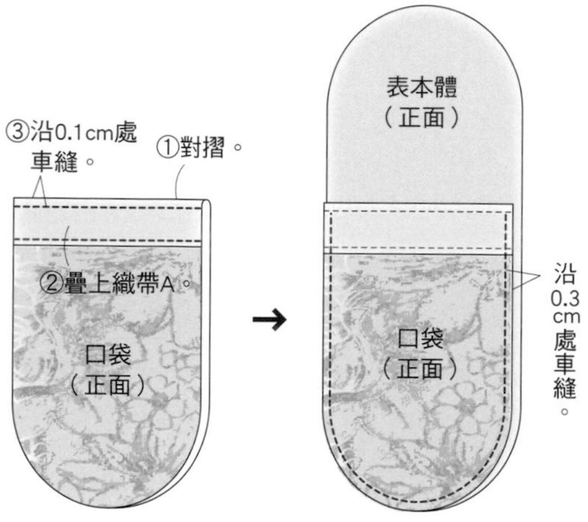

2 製作＆縫上布耳

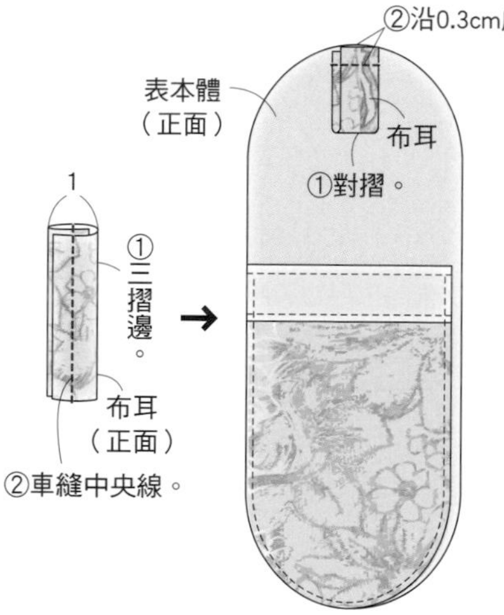

3 疊上裡本體後縫合

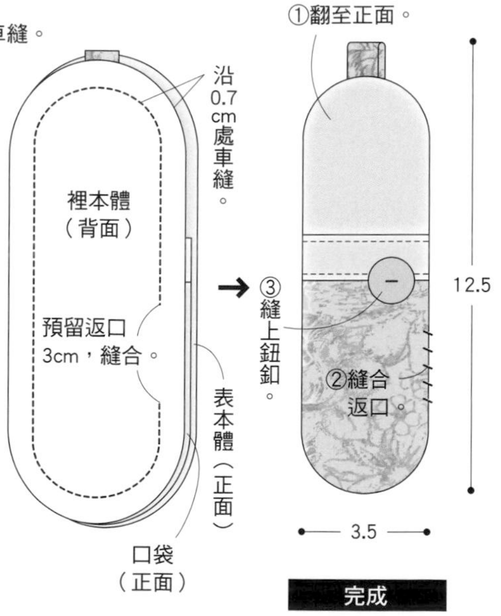

完成

作法

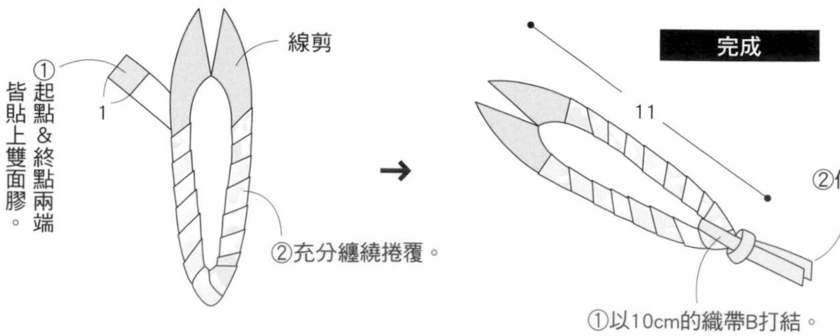

P.54

54至56

■ 材料（1個）

A布（棉・圖案）…10cm寬10cm
B布（棉・素色）…10cm寬10cm
串珠（0.9cm）…1個
手工藝棉花…適量

製圖　※直接裁剪。

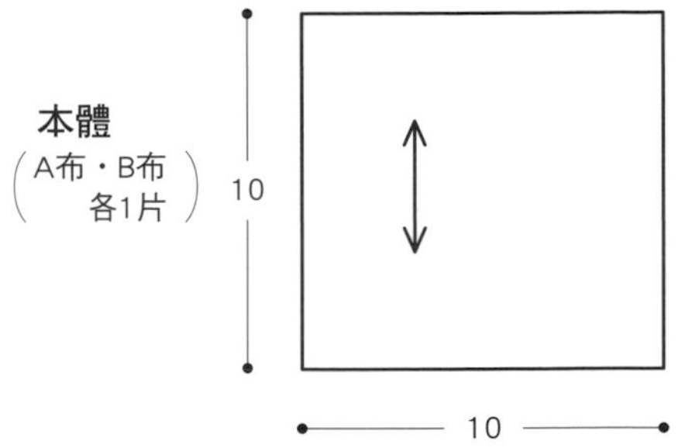

作法

❶ 製作本體

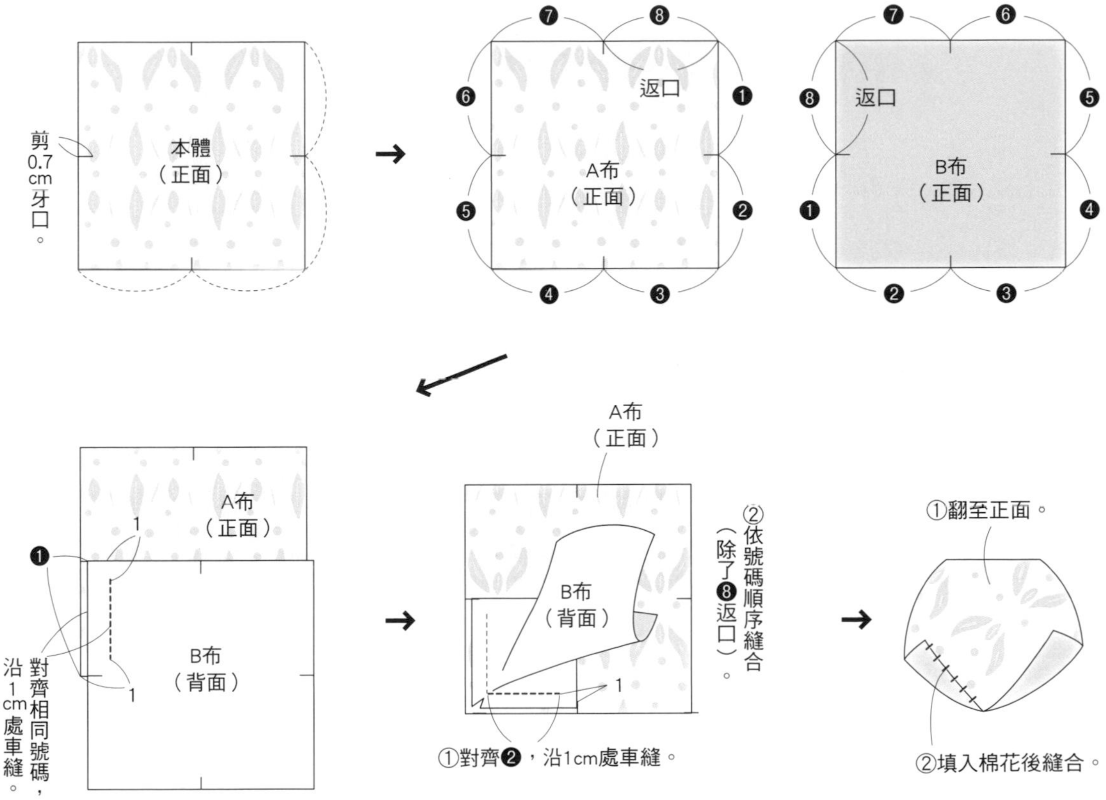

❷ 縫上串珠

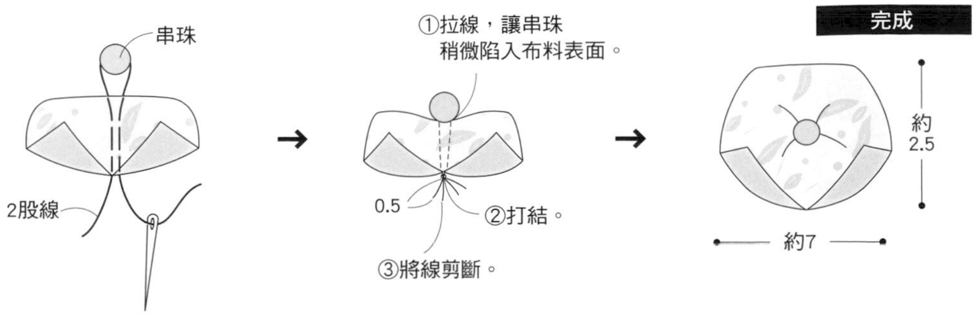

PART 5 大包包內的布小物

隨身面紙收納波奇包

結合面紙包的化妝包，是機能性很強的設計。
抽取口點綴上了兩顆鈕釦，增添可愛小細節。
推薦可作為外出包中的一項必備單品。

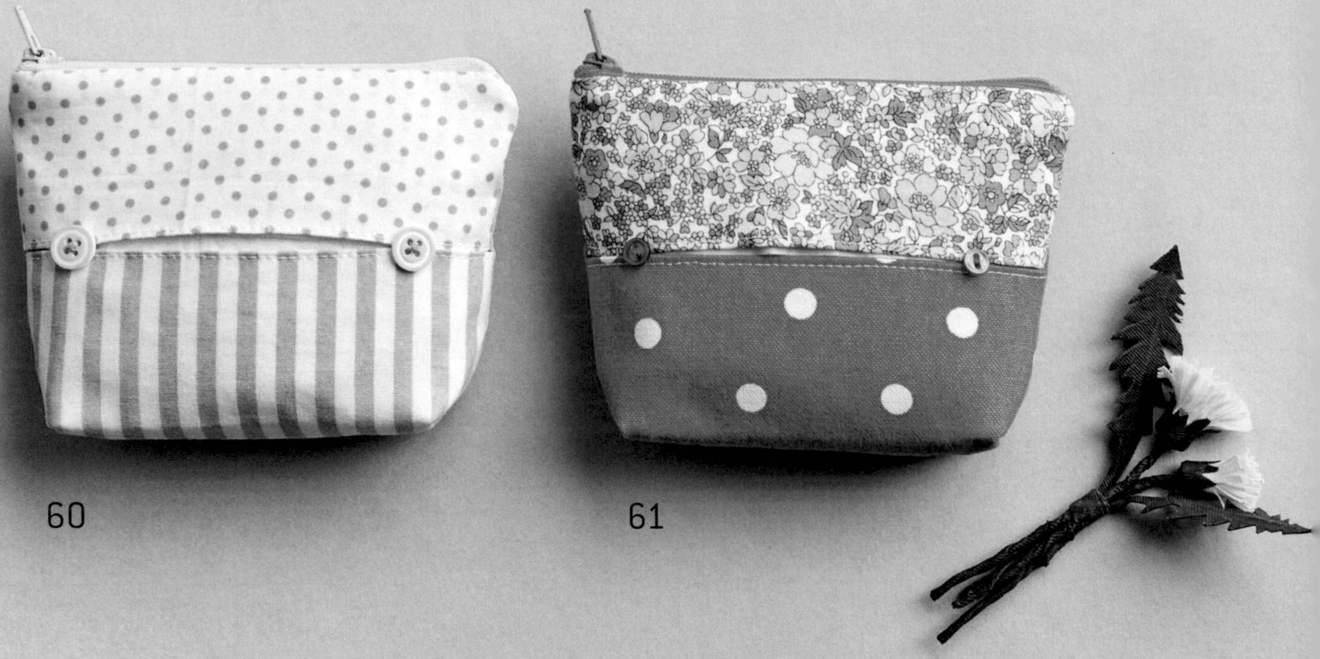

60　61

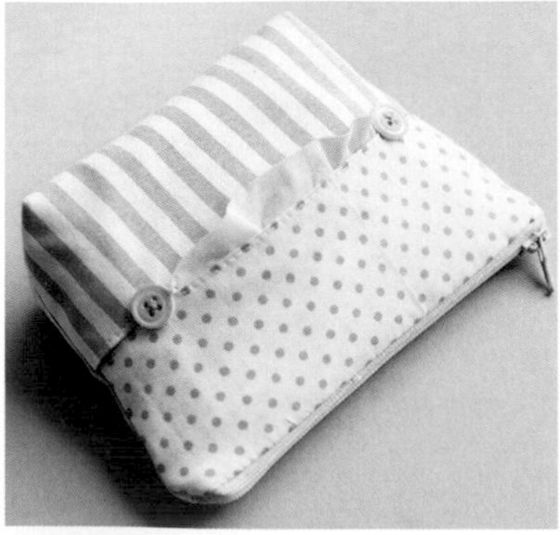

正面側可放入隨身包面紙。

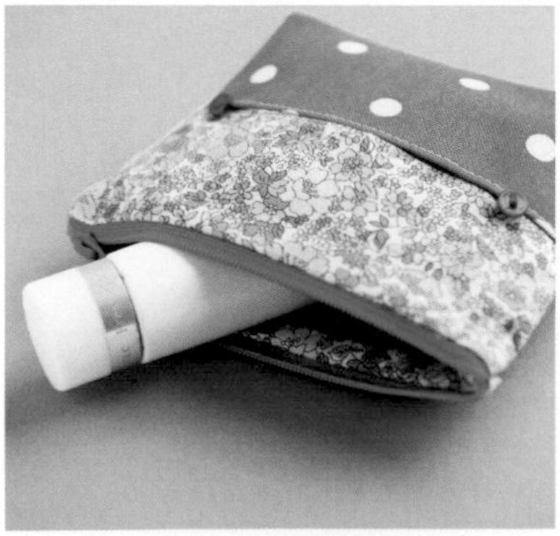

拉鍊口袋中可放入化妝品、手帕、藥品等小物。

作法	P.60
設計・製作	komihinata

用藥筆記套

以明亮配色的水玉圓點＆直條紋布料製作而成。
為了能輕鬆完成，盡可能地設計成簡單的版型樣式。

62

也可以放入媽媽手冊，
或護照與存摺。

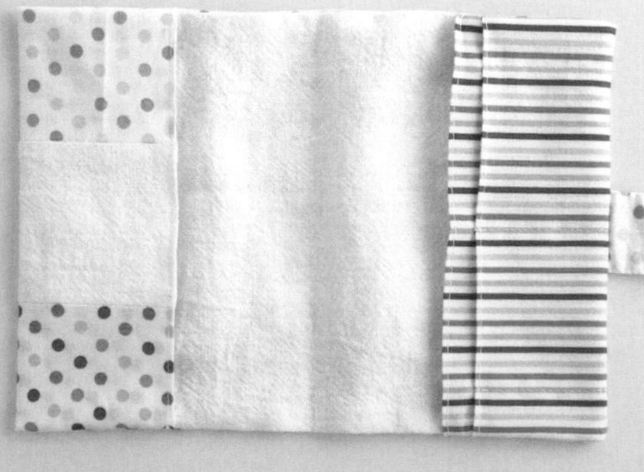

左邊是一個大口袋，右邊則附有票卡收納。

容易丟失的約診卡、健保卡等，
也可以與用藥筆記一起妥善存放。

作法	P.61
設計・製作	komihinata

■ 材料（1個）

A布（棉・圖案）…35cm寬30cm
B布（棉・素色）…20cm寬30cm
開口拉鍊（20cm）…1條
鈕釦（60／1.2cm　61／0.7cm）…2個

製圖　※皆外加0.7cm縫份。

表本體（A布・B布・各1片）

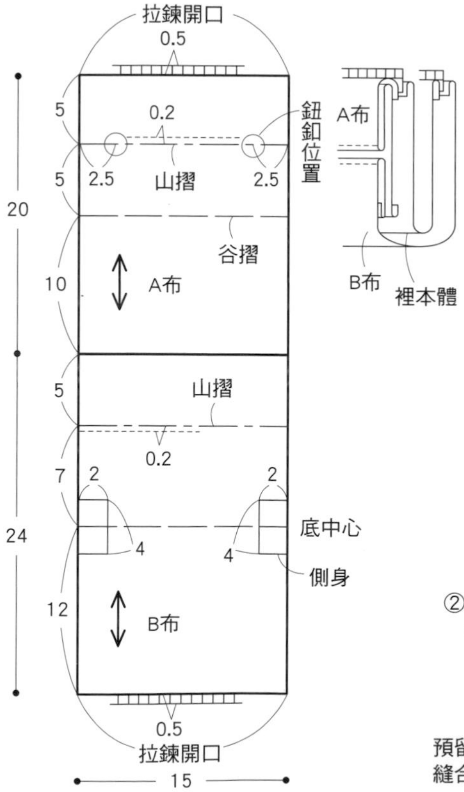

裡本體（A布・1片）

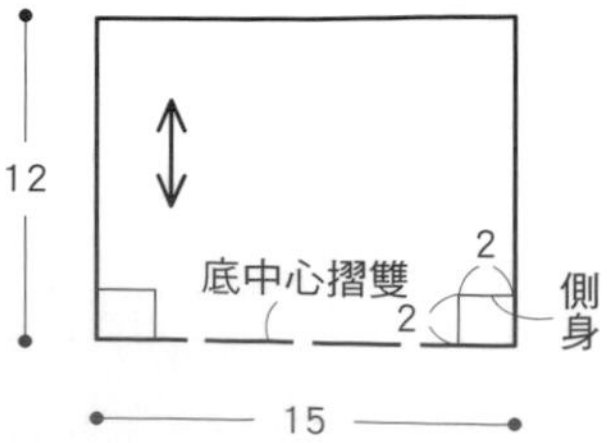

作法

1 縫製表本體

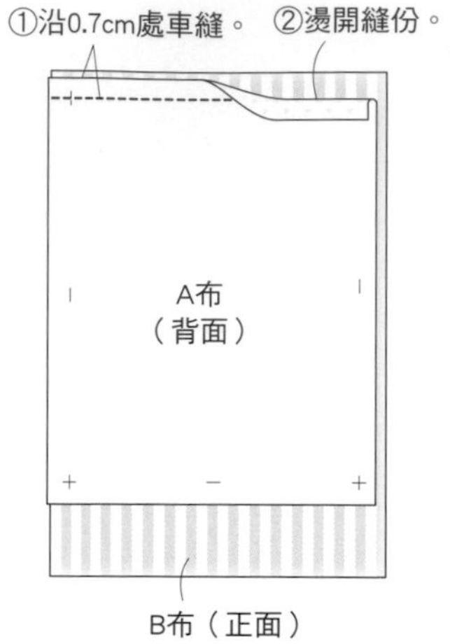

2 製作外口袋

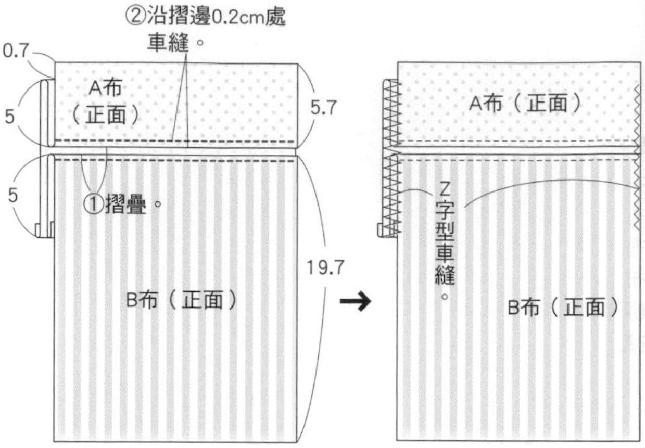

3 縫上拉鍊

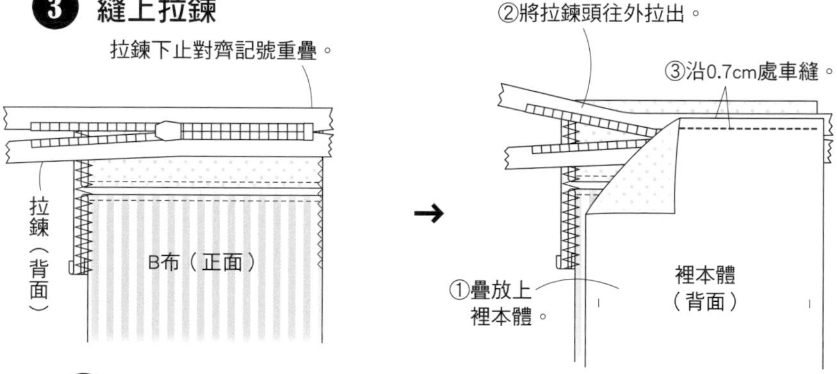

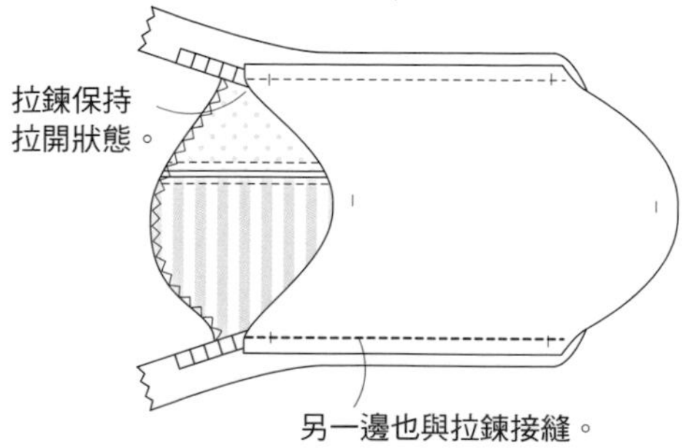

4 車縫脇邊

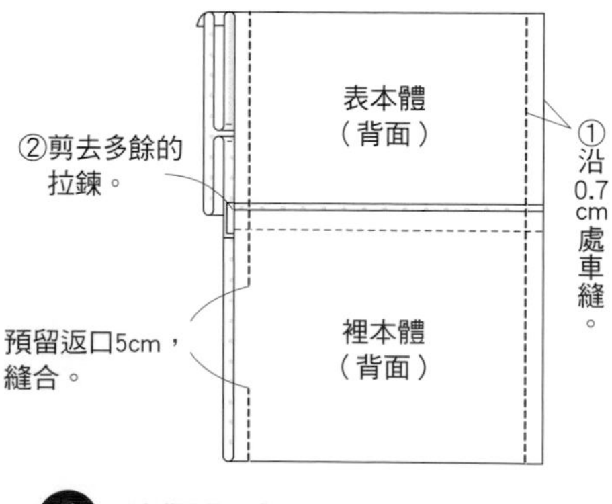

5 縫製側身

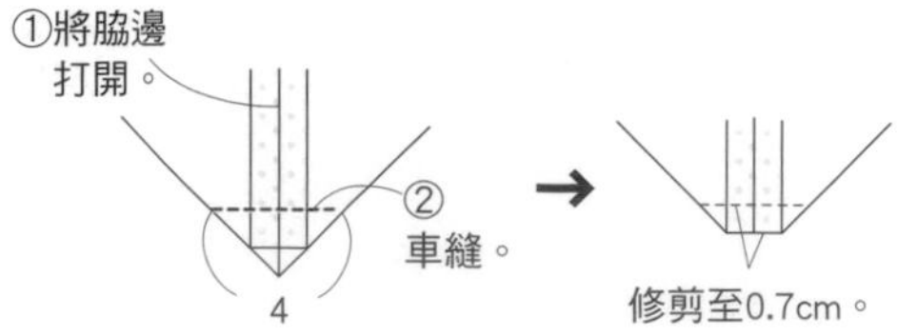

6 縫上鈕釦

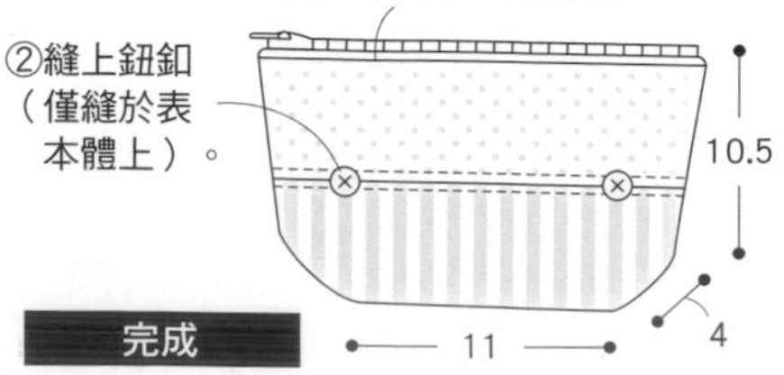

P.59 62

原寸紙型A面

■ 材料

A布（棉・圖案）…40cm寬15cm
B布（棉・素色）…40cm寬30cm
C布（棉・圖案）…40cm寬10cm
D布（棉・直條紋）…25cm寬25cm
單膠鋪棉…10cm寬5cm
按釦（1.2cm）…1組

紙型・製圖 ※除指定處外，皆外加0.7cm縫份。 =原寸紙型

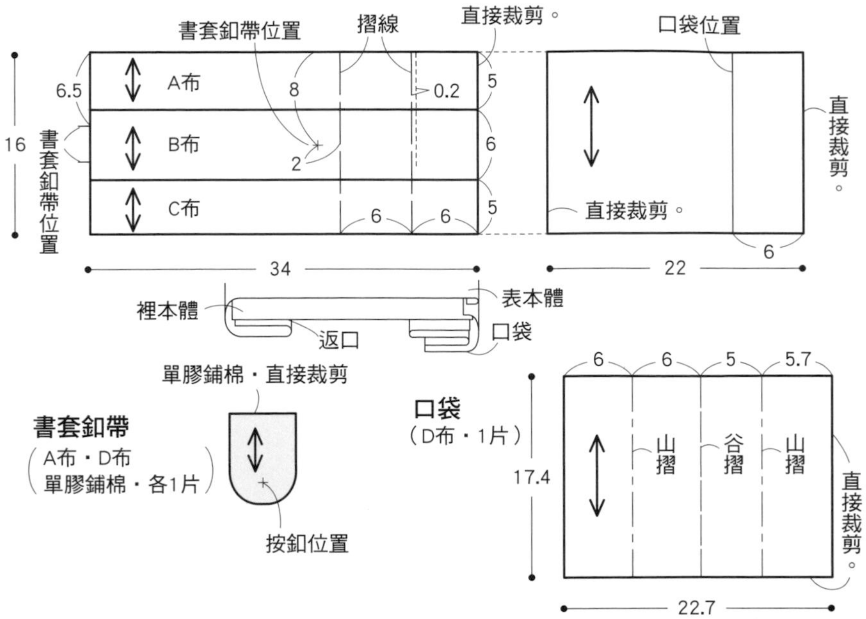

作法

1 製作表本體

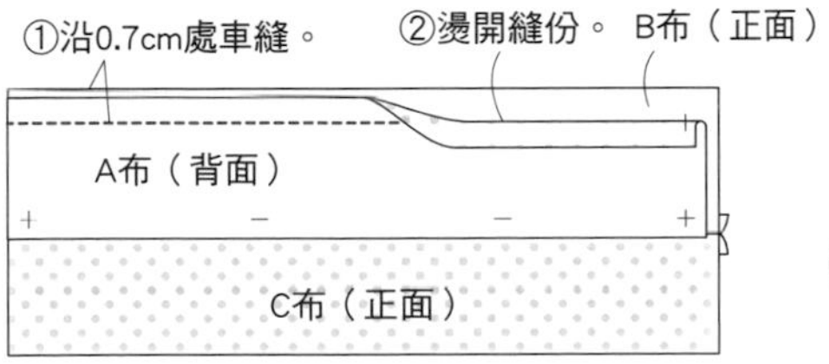

2 製作書套釦帶

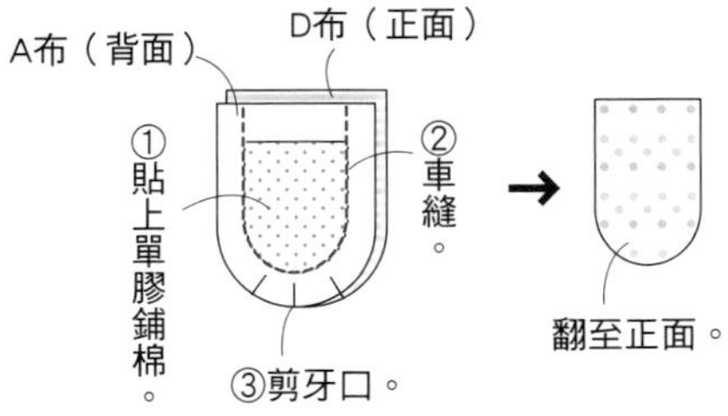

3 製作口袋

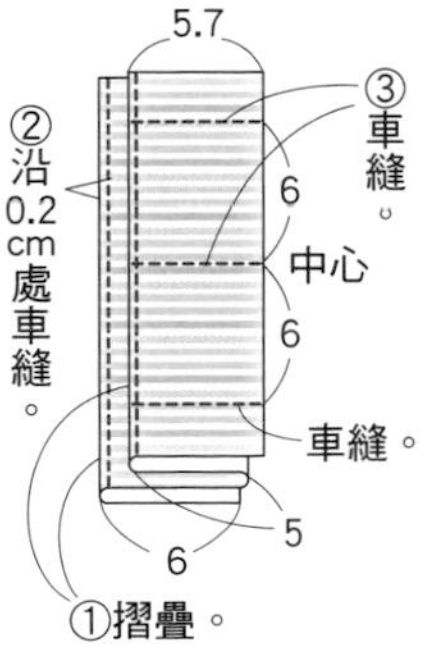

4 縫上兩側的收納口袋

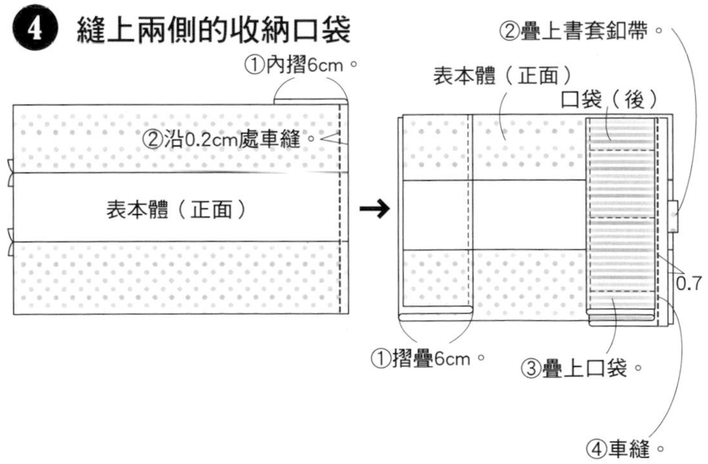

5 疊放上裡本體後縫合

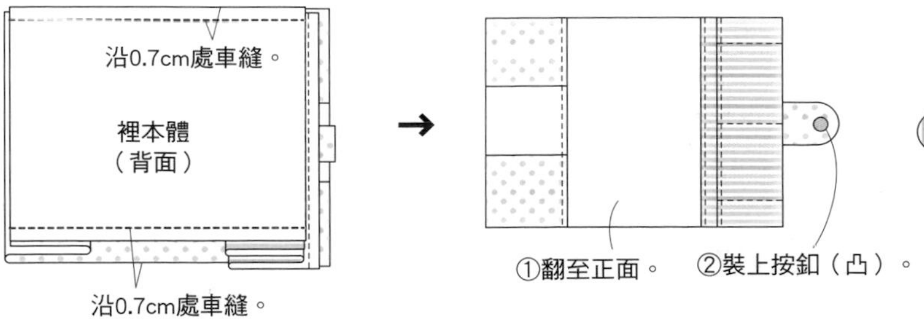

6 裝上按釦

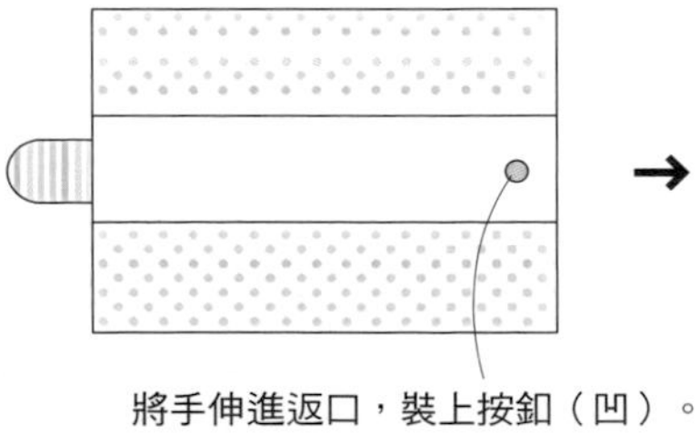

完成

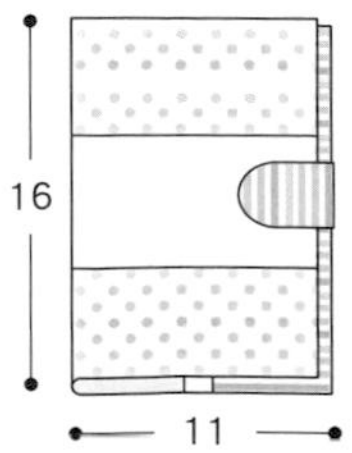

作法	P.64
設計・製作	主婦のミシン

以按釦輕鬆開闔。

63　64　65

分隔收納包

將收納口袋分成兩邊，新型設計的波奇包。
包包裡糾結纏繞的耳機線＆必需分開服用的藥品等，
各種小東西都可以適當分類。

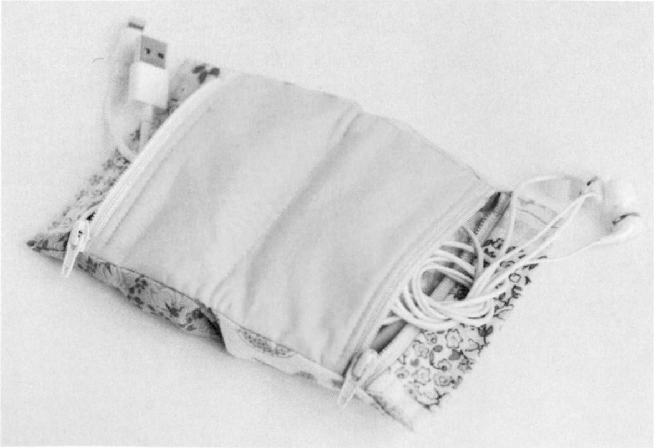

非常適合用來收納容易纏線打結的耳機線或充電線。

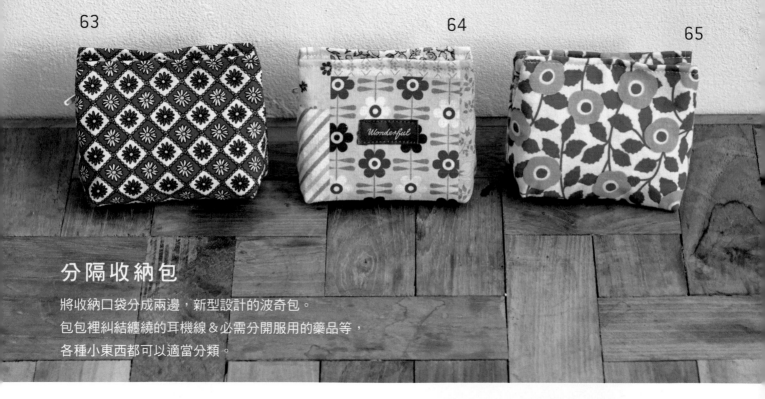

票卡夾

手提包造型的對摺式票卡夾
是不是相當可愛呢？
可放入名片或集點卡等。

作法	P.65
設計・製作	komihinata

內側有兩個收納袋。

66

首飾包

容易遺失的戒指或耳環等小物，
也能穩妥收納的迷你包。
只要活用剩下一點點的碎布，
就能縫製出如此可愛的設計喔！

67

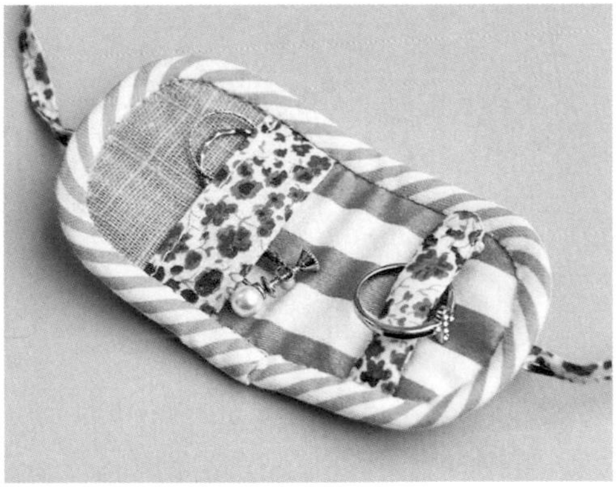

左側的收納袋
從內或外都可放東西進去。
右側的戒指收納帶
則是利用按釦固定。

作法	P.92
設計・製作	komihinata

P.62 63至65

■ 材料（1個）

A布（棉・圖案）…20cm寬30cm
B布（棉・素色）…15cm寬15cm
C布（棉・圖案）…35cm寬30cm
開口拉鍊（20cm）…2條
按釦（1cm）…2組
64／布標（3.5cm×1.4cm）…1片

製圖 ※皆外加1cm縫份。

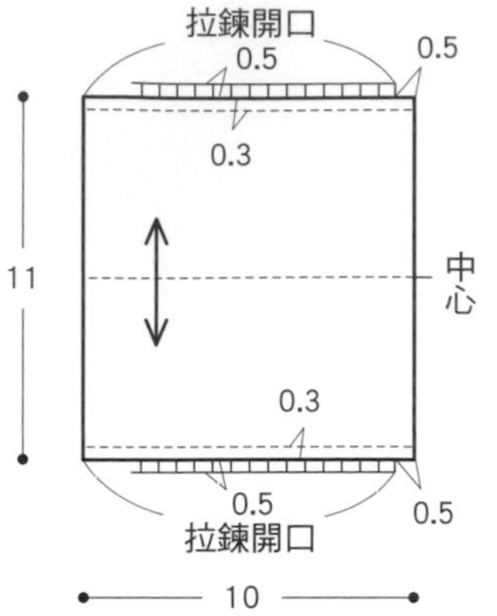

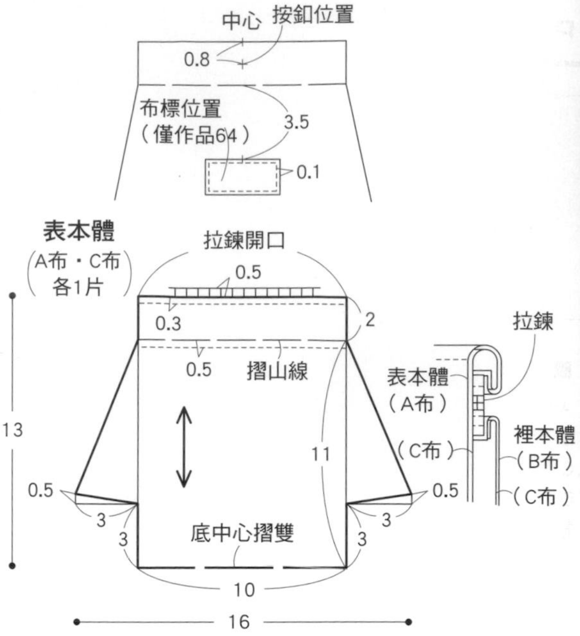

作法

1 兩片表本體背面相對，進行Z字型車縫

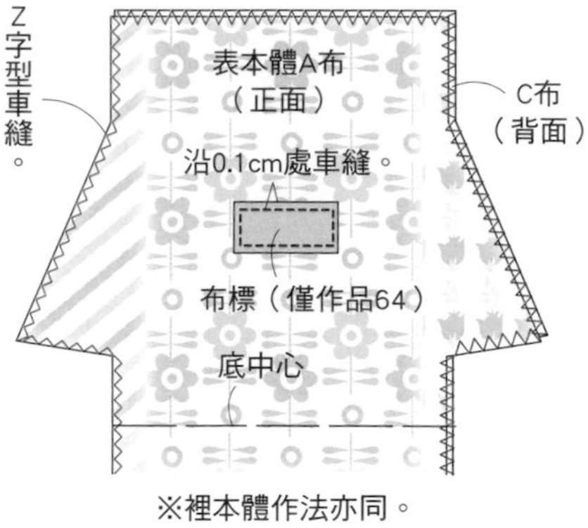

2 裡本體縫上拉鍊

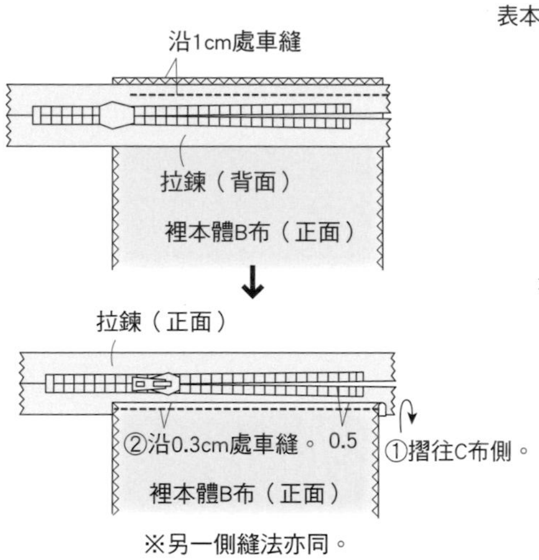

3 在表本體上接縫拉鍊

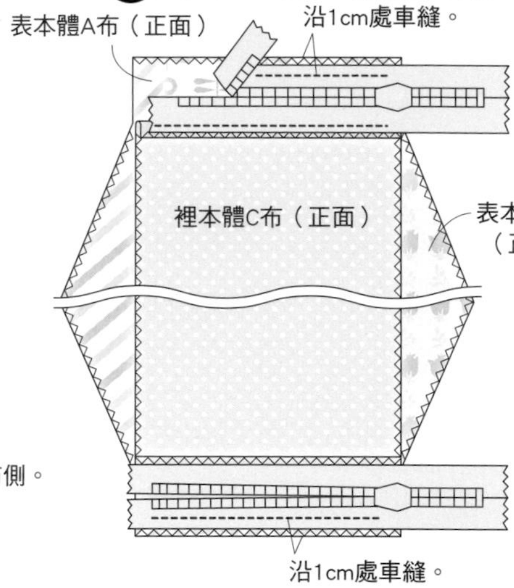

4 縫製側身

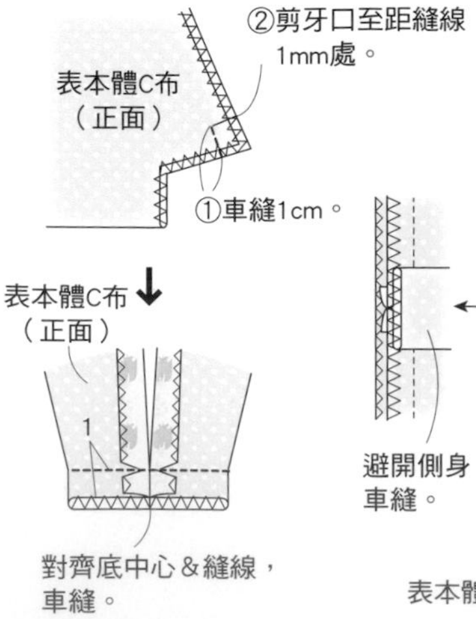

5 縫合脇邊

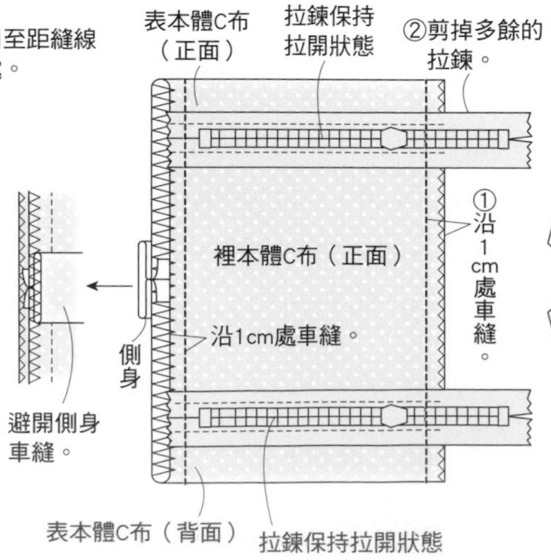

6 翻至正面，裝上按釦

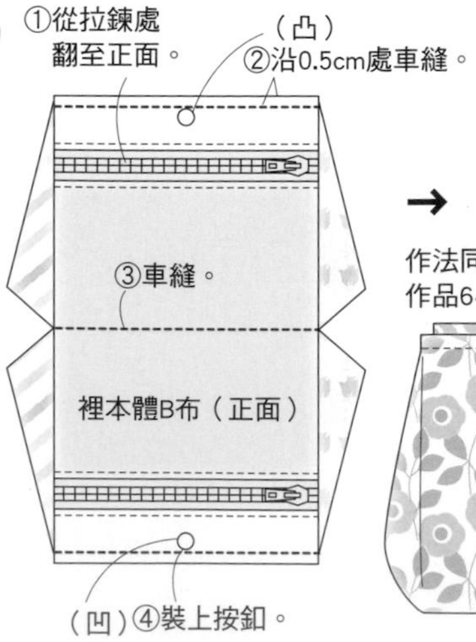

完成

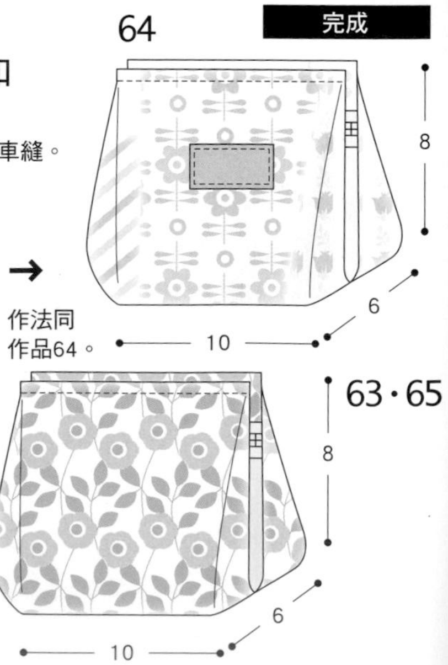

P.63 66

■ 材料

A布（棉・素色）…30cm寬15cm
B布（棉・圖案）…10cm寬15cm
C布（棉・圖案）…15cm寬15cm
D布（棉・圖案）…5cm寬20cm
按釦（0.8cm）…1組

製圖 ※除指定處外，皆外加1cm縫份。

表本體（A布・B布・各1片）

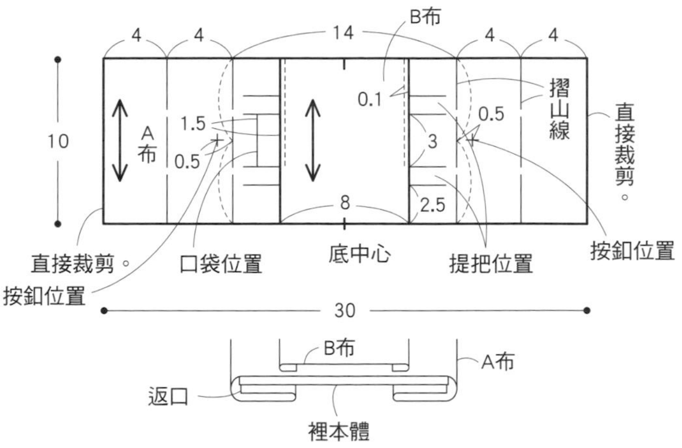

裡本體（C布・1片）

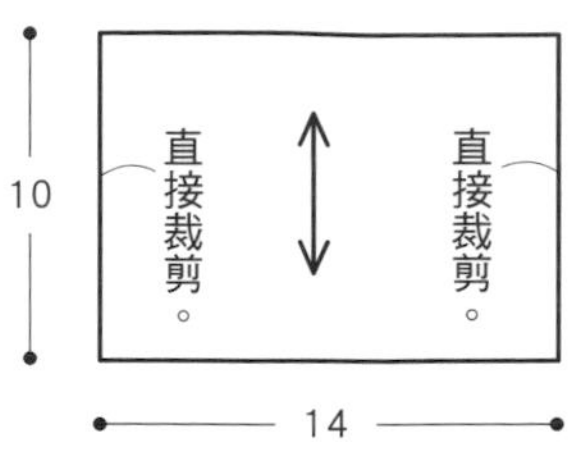

提把（C布・1片）

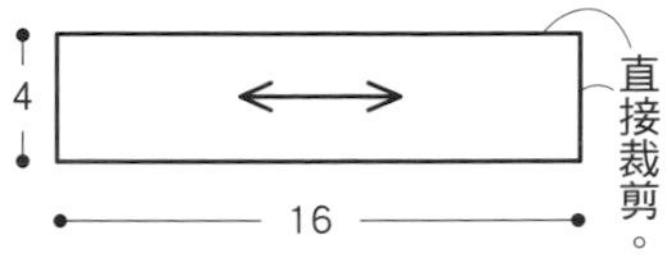

口袋（C布・1片）

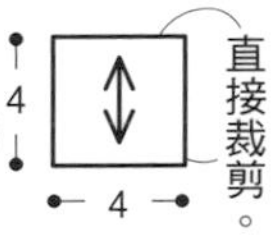

作法

1 疊放上口袋

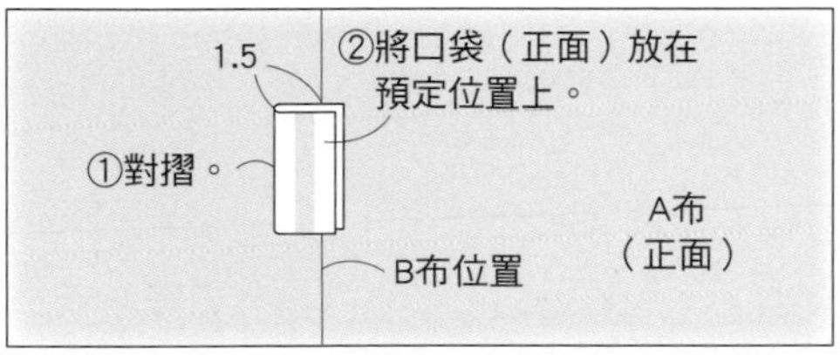

2 製作提把

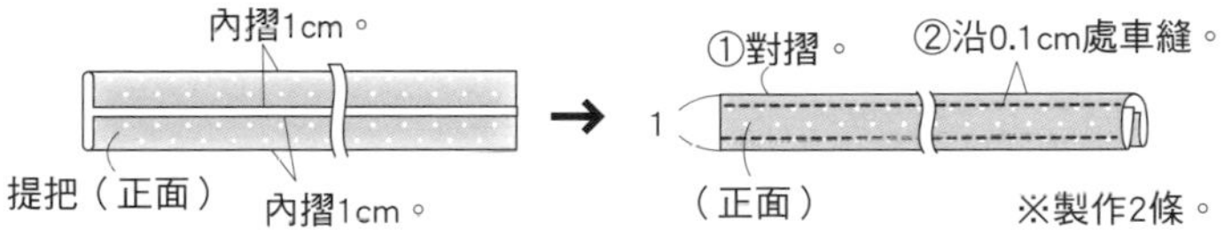

3 縫上提把

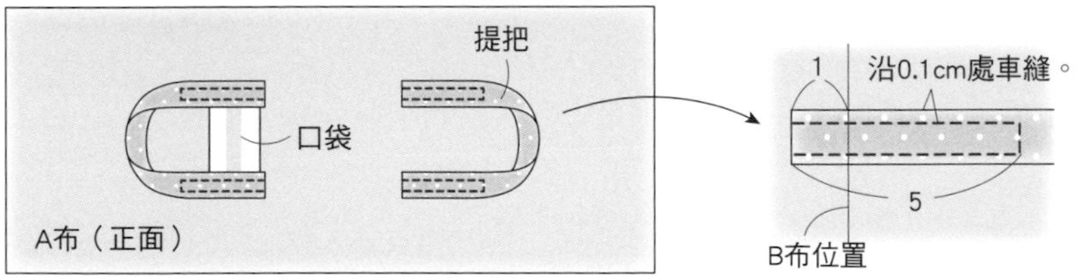

4 縫上B布

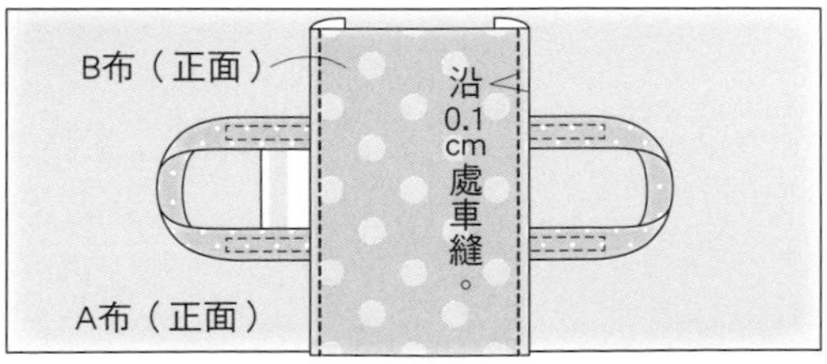

5 摺疊表本體，與裡本體重疊後縫合

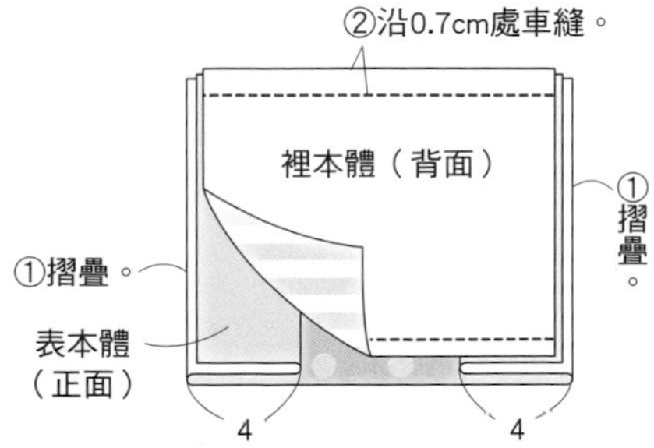

6 翻至正面，裝上按釦

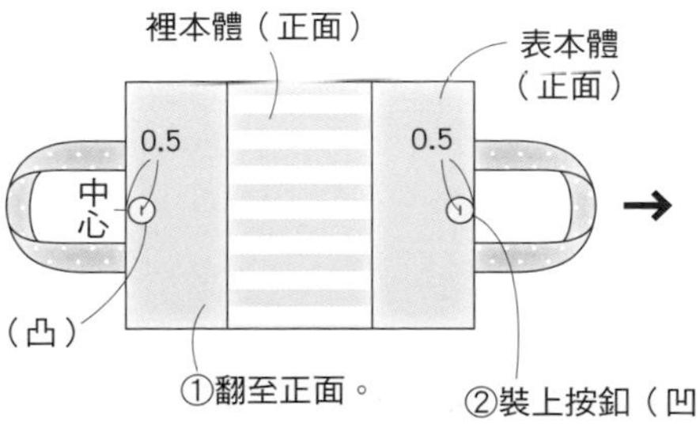

完成

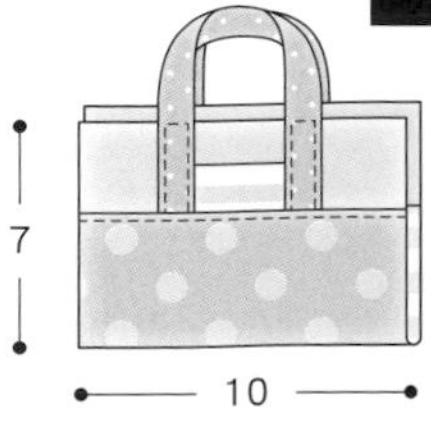

作法	P.67
設計・製作	komihinata

掛環波奇包

可以掛在各處，
如鑰匙圈般的迷你收納包。
圓環可掛上問號鉤或珠鍊等
自己喜愛的五金。

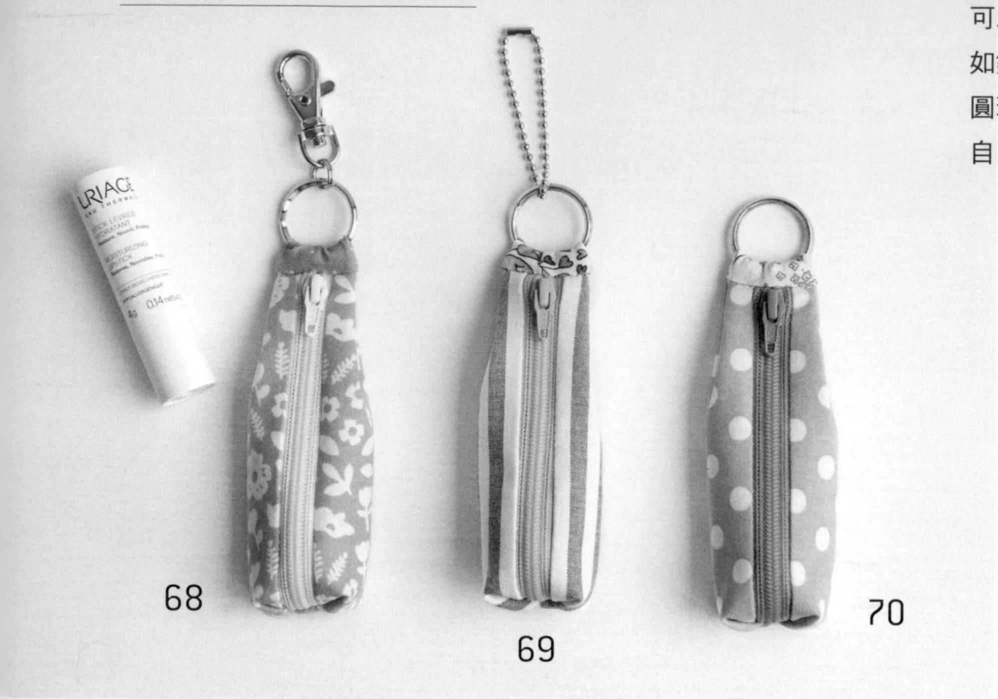

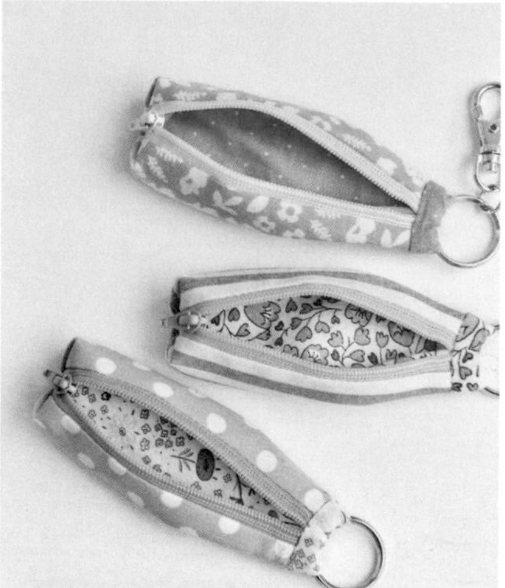

內側也以圖案布製作更加可愛。

迷你托特包

可以掛在外出包上帶著走的
迷你尺寸托特包。
容易混雜在大包包中，
不易找到的護唇膏或藥物等，
放入其中，使用起來就很方便。

剛好可放進圓罐護唇膏
或眼藥水的小尺寸。

作法	P.93
設計・製作	komihinata

P.66 68至70

■ 材料

A布（棉・圖案）…15cm寬15cm
B布（棉・圖案）…20cm寬15cm
接著襯…15cm寬15cm
雙層環（2cm）…1個
開口拉鍊（20cm）…1條

製圖

※除指定處外，皆外加0.7cm縫份。

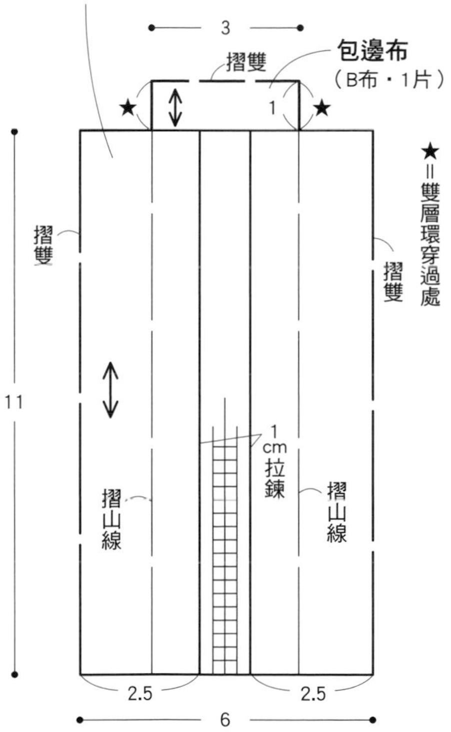

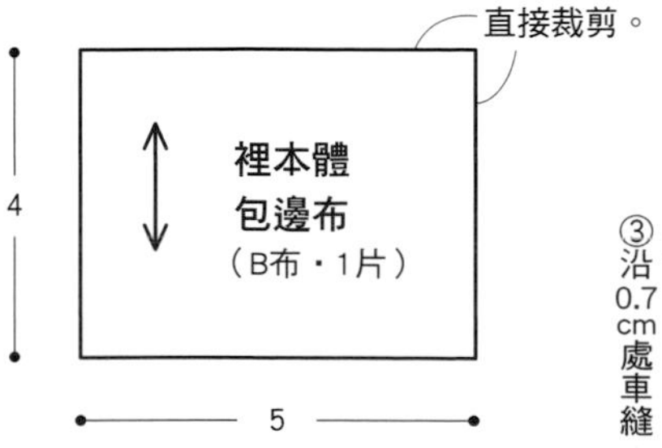

作法

❶ 貼上接著襯

❷ 縫上拉鍊

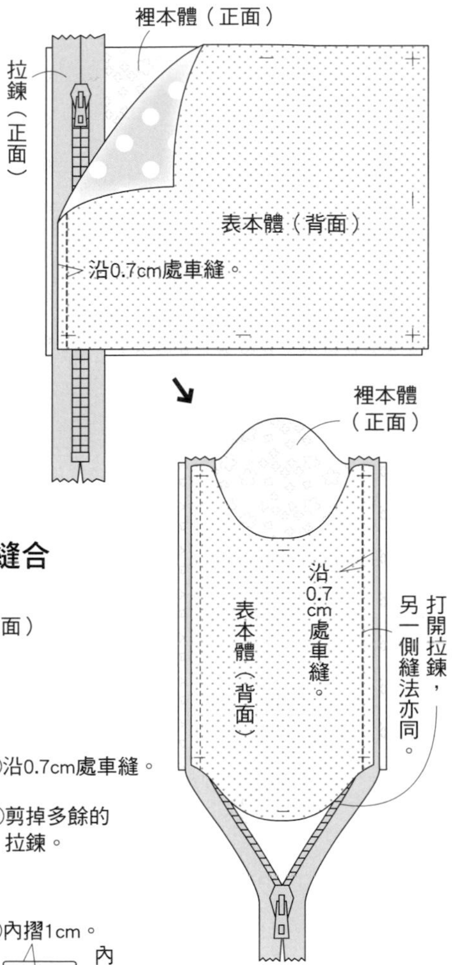

❸ 翻至正面後，將下部摺疊＆縫合

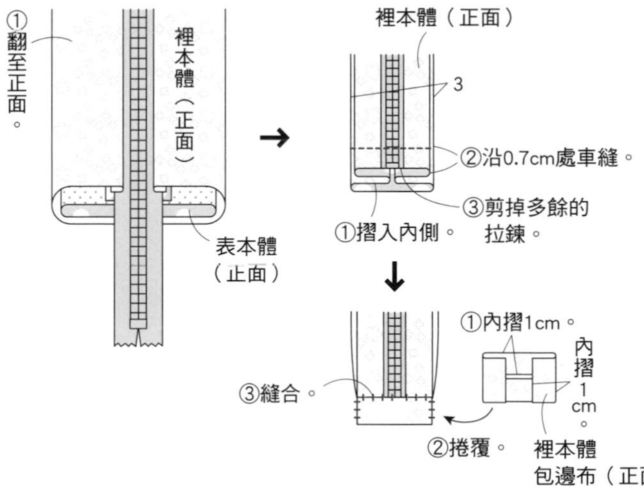

❹ 摺疊上部，縫上包邊布＆穿過圓環

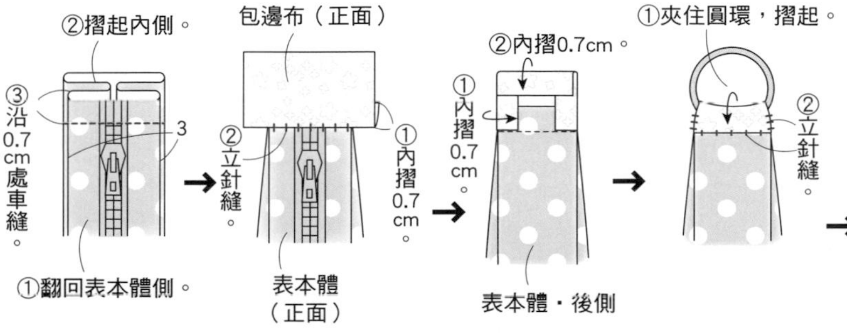

完成

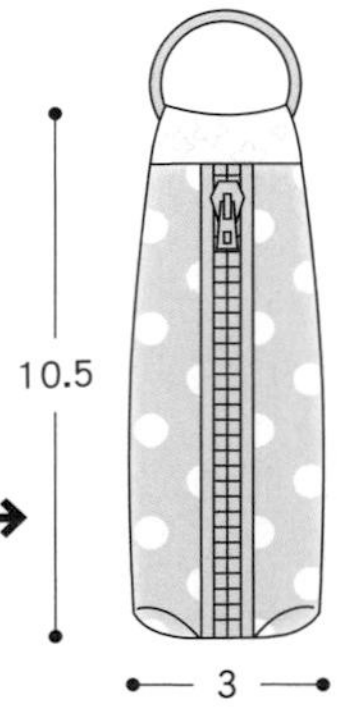

PART 6

兒童 & 嬰兒的布小物

作法	P.70
設計・製作	Choco-Linge

73

72

布球

將五角形的碎布縫合起來，中間填入棉花，製成布球。
手感十分柔軟，很適合在室內遊玩。
使用粉彩系的布料，呈現出溫柔的配色效果。

兔子＆熊熊玩偶

以彩色的USA棉布製作衣服部位。
毛＆手皆以刺繡表現。
腳可以彎曲，讓玩偶坐著當作裝飾也非常可愛。

作法	P.71
設計・製作	kazakka

P.68 72・73

原寸紙型A面

■ 材料（1個）

A布（棉・圖案）…12種各10cm寬10cm
手工藝棉花…適量

紙型

※皆外加0.5cm縫份。

◯=原寸紙型

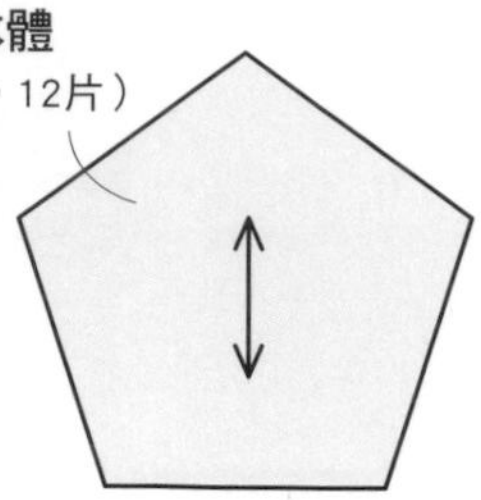
本體
（A布・12片）

作法

❶ 縫合6片A布

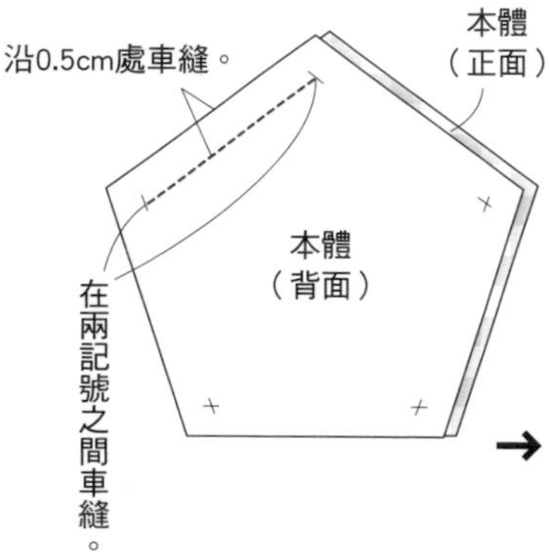
沿0.5cm處車縫。
本體
（正面）
本體
（背面）
在兩記號之間車縫。

→

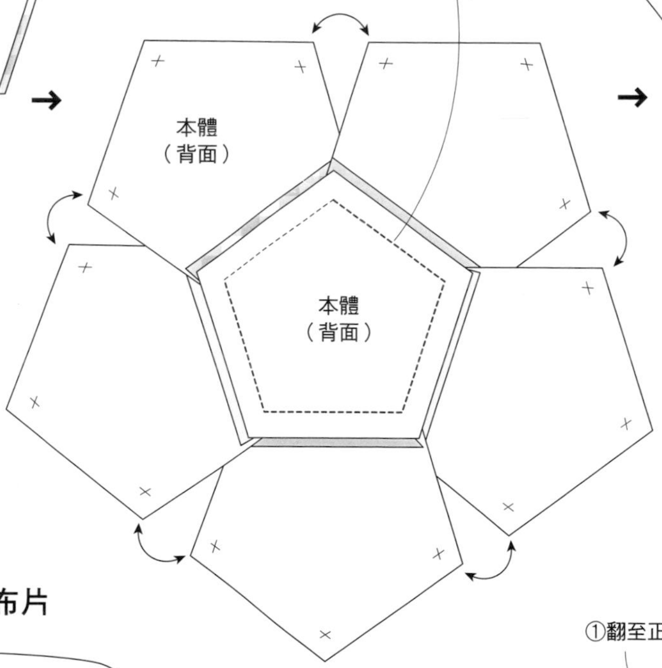
在周圍接縫5片布。
本體
（背面）
本體
（背面）

→

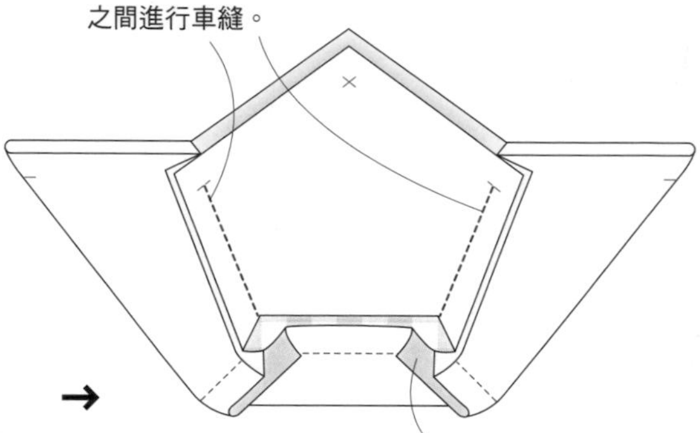
在相鄰邊的兩記號
之間進行車縫。
以熨斗將縫分
左右交錯燙開。
※製作2組。

❷ 縫合2組布片

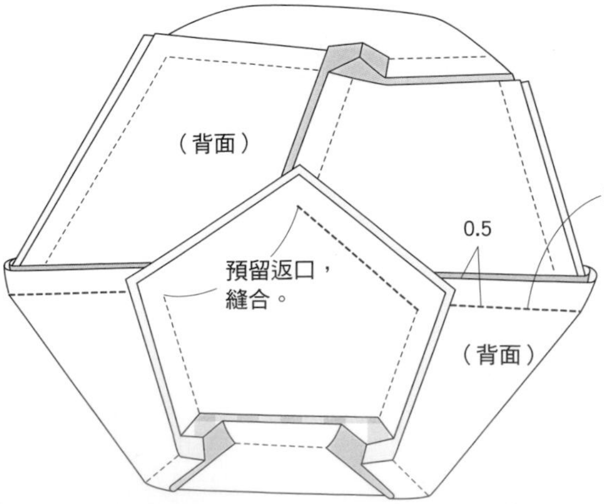
（背面）
2組布片對齊後縫合。
0.5
預留返口，
縫合。
（背面）

→

完成

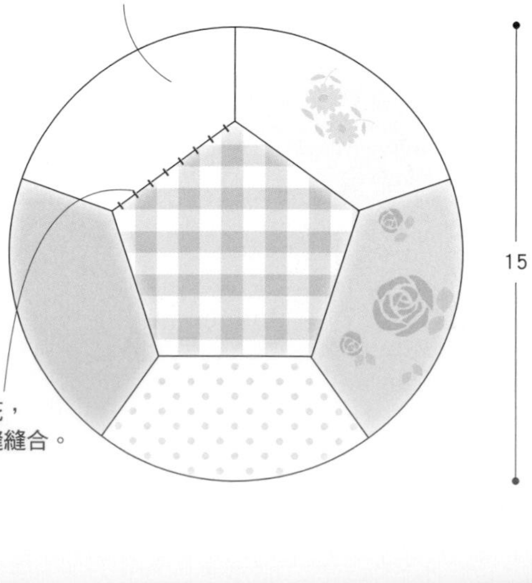
①翻至正面。
15
②填入棉花，
以立針縫縫合。

P.69 74至77

原寸紙型B面

■ 74至76材料（1個）

A布（棉・素色）…25cm寬10cm
B布（棉・圖案）…25cm寬15cm
織帶（1.5cm寬）…5cm
串珠（74／4mm　75・76／3mm）…3個
25號繡線（74／焦茶色・淺卡其色
　　　　　75／焦茶色・黃綠色　76／焦茶色・粉紅色）
手工藝棉花…適量

■ 77材料

A布（棉・素色）…30cm寬20cm
B布（棉・圖案）…10cm寬10cm
織帶（1.5cm寬）…5cm
25號繡線（焦茶色・紫色）
手工藝棉花…適量

紙型　⬭＝原寸紙型

※口框內的數字為縫份尺寸。
　除指定處外，皆外加0.8cm縫份。

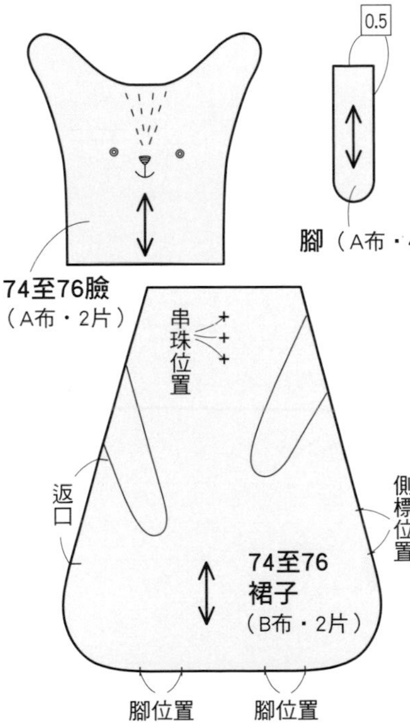

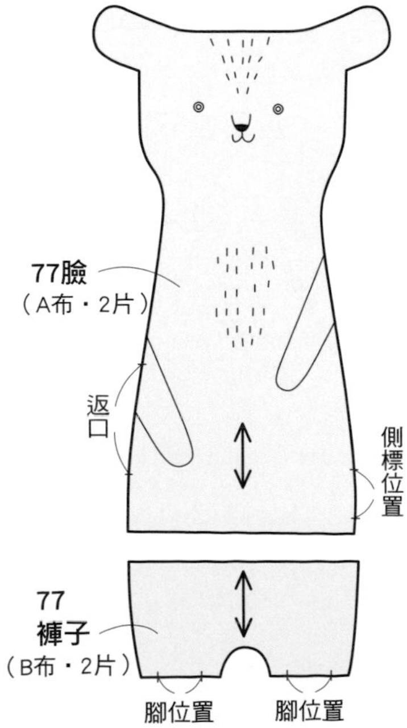

作法

❶ 接縫臉＆裙子

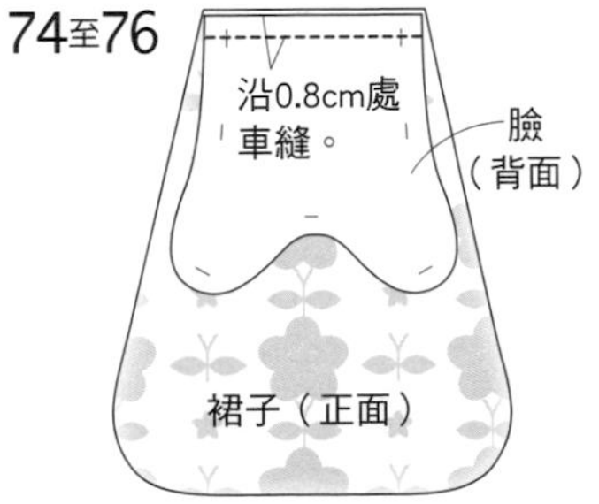

❷ 製作腳部

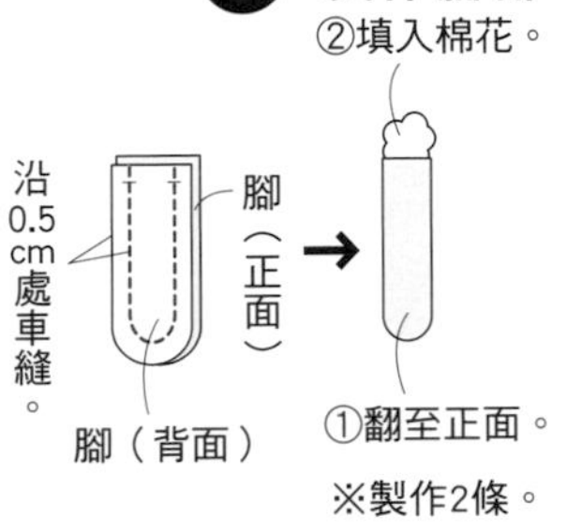

❸ 縫上腳＆側標

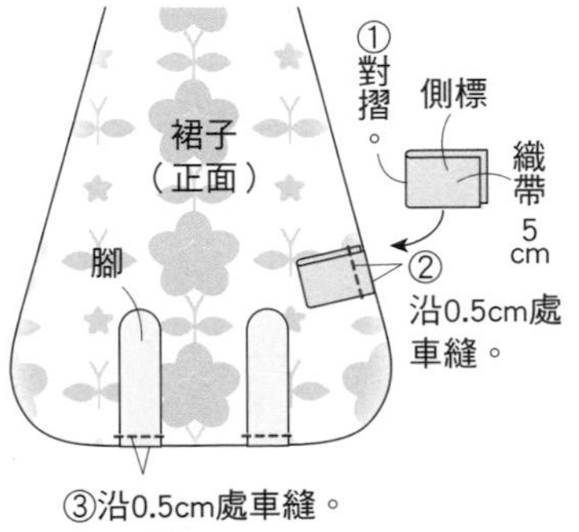

❹ 車縫前・後片

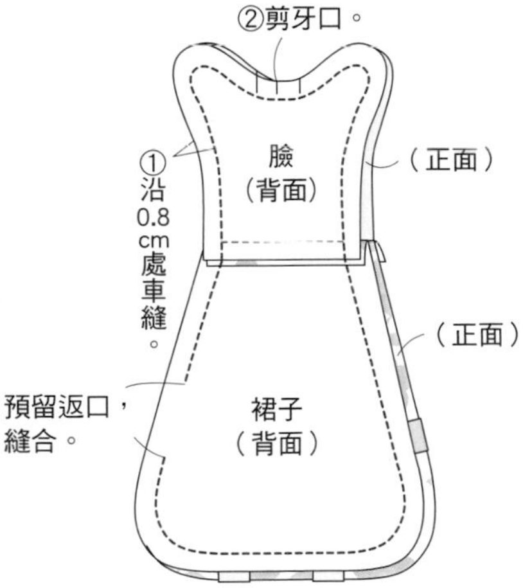

❺ 翻至正面

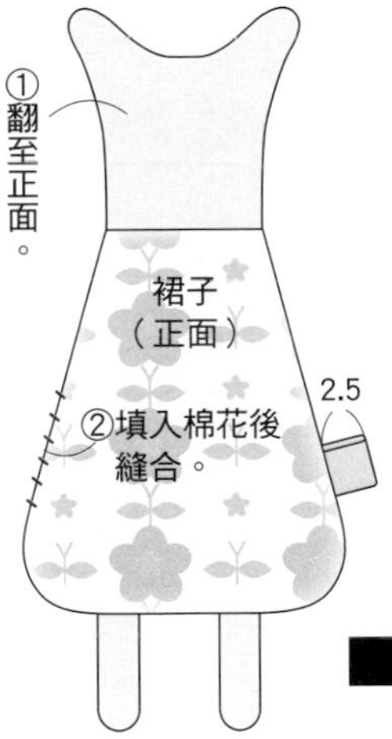

❻ 刺繡

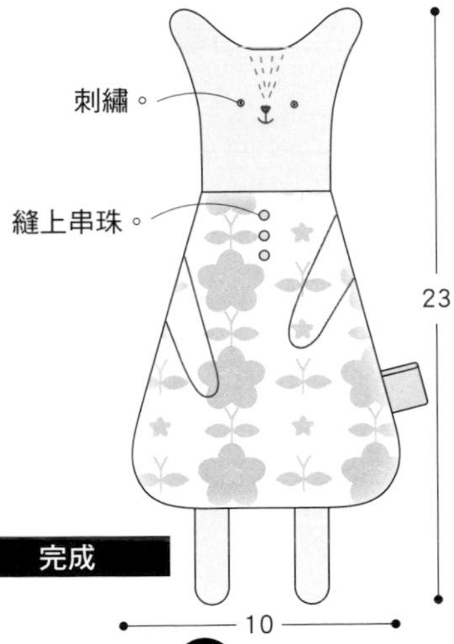

完成

作法

❶ 接縫臉＆褲子

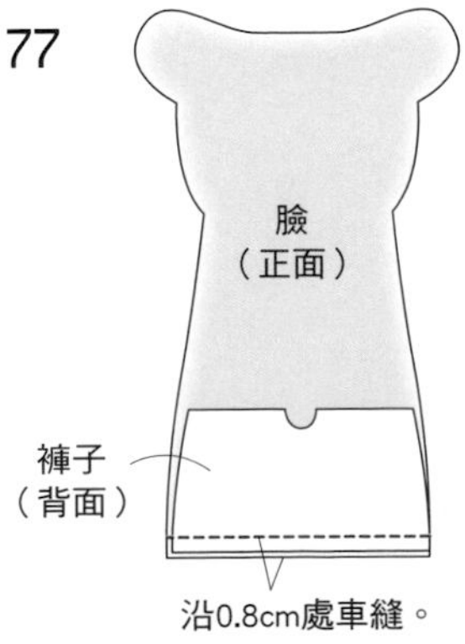

❷ 縫合前・後片

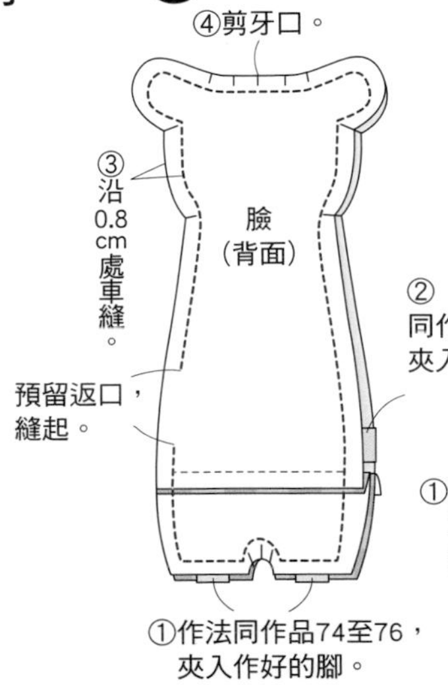

❸ 翻至正面

完成

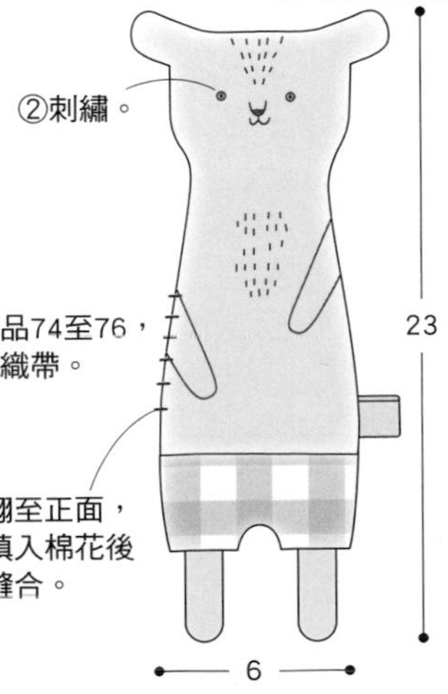

②刺繡。
23
①翻至正面，填入棉花後縫合。
6

剛好可以放在手心的尺寸。

熊熊沙包

表情放空的可愛熊熊沙包。
使用具有自然感的棉布料，
創作出手感溫軟的作品。

作法	P.74
設計・製作	kazakka

雙面圍兜兜

拼組零碼布製成的可愛圍兜兜，
是雙面皆可使用的設計。
正面為三種花色的組合，
並以鈕釦＆蕾絲作裝飾。
背面則是以格紋布為基底，
再加入小小的碎布施以點綴。

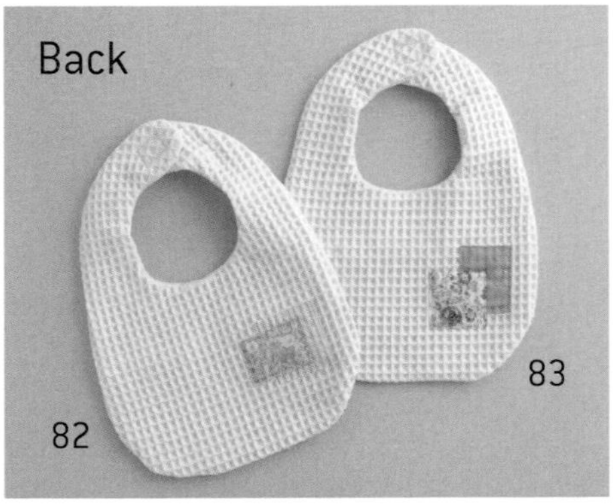

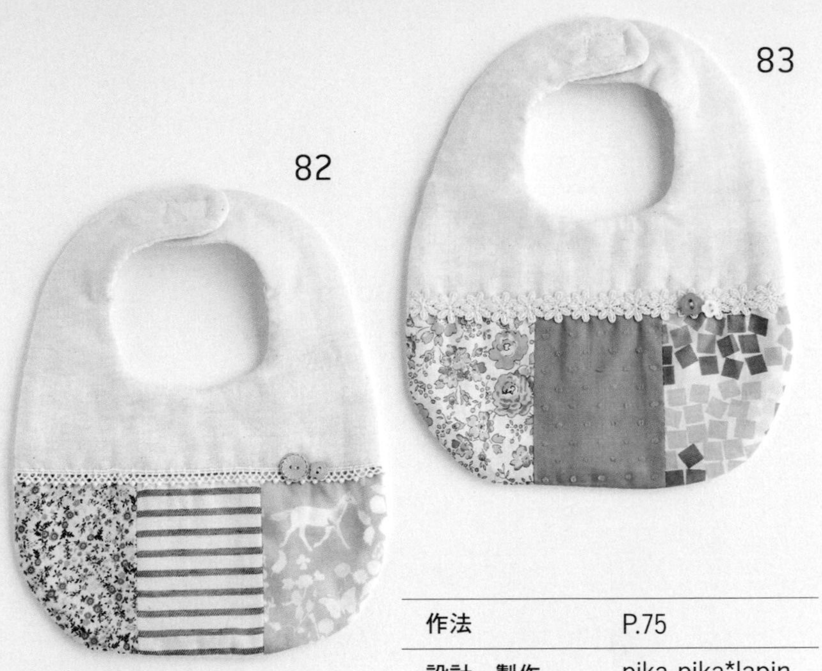

作法	P.75
設計・製作	pika pika*lapin

移動口袋

衣服或包包上沒有口袋很不方便？
利用扣夾，夾上移動口袋吧！
84為女生款，85則是男生款。

作法	P.76
設計・製作	midoriko
彈簧夾提供	KAWAGUCHI

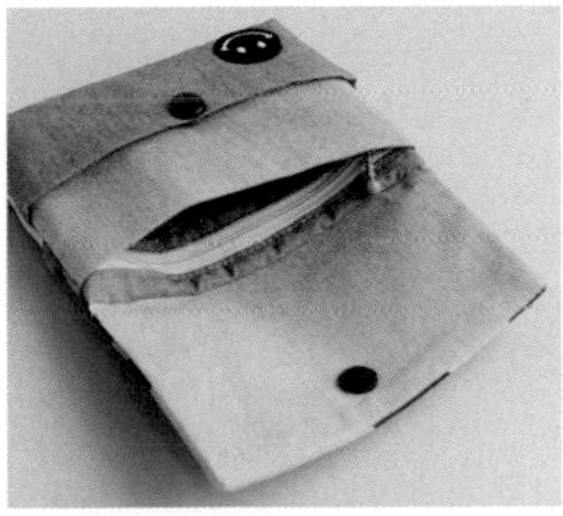

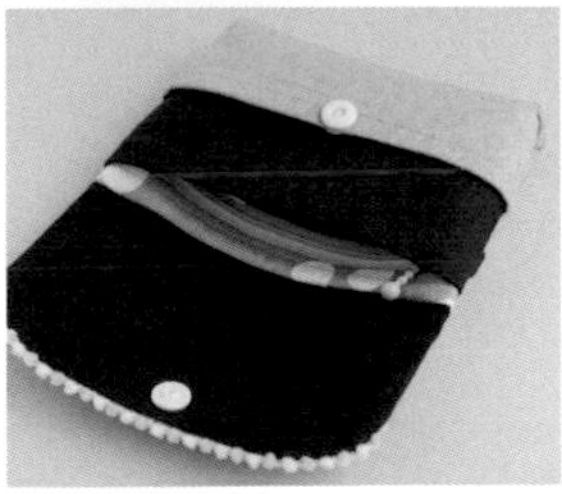

附有內口袋，相當方便。

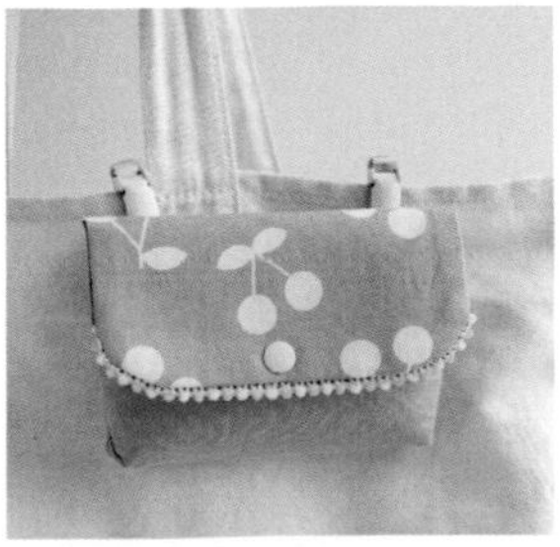

任何衣服或包包，
簡單夾上就可以靈活使用！

P.72 78至81

原寸紙型A面

■ 材料（1個）

A布（棉・圖案）…20cm寬10cm
B布（不織布）…5cm寬5cm
25號繡線（78／橘黃色・焦茶色
79／黃綠色・焦茶色
80／灰色・灰白色・焦茶色
81／粉紅色・焦茶色）
紅豆或小珠子…適量

紙型

※皆外加0.8cm縫份。

◯=原寸紙型

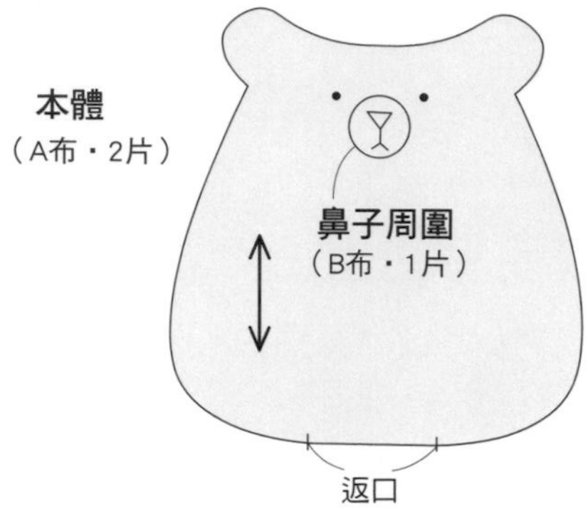

作法

❶ 製作臉部

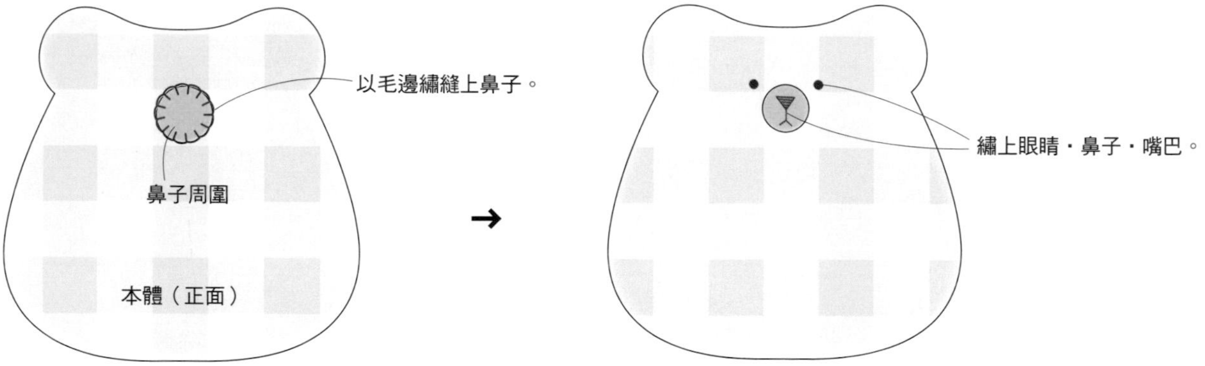

❷ 縫合兩片本體

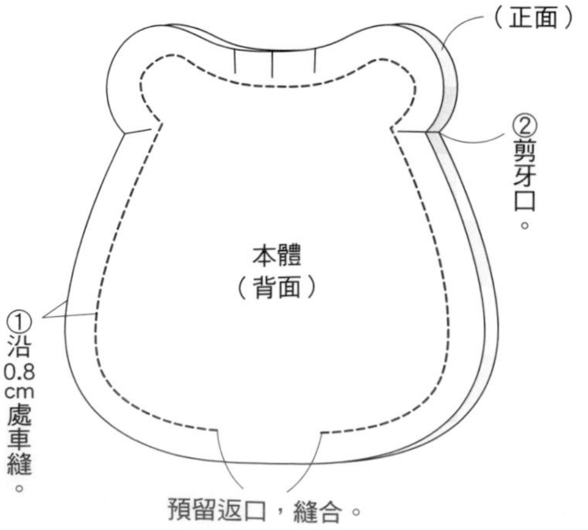

❸ 翻至正面，填入內容物

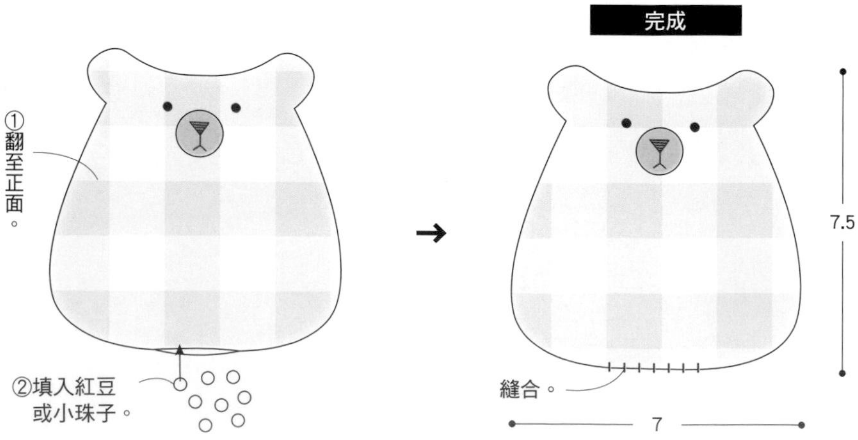

P.73 # 82・83

原寸紙型B面

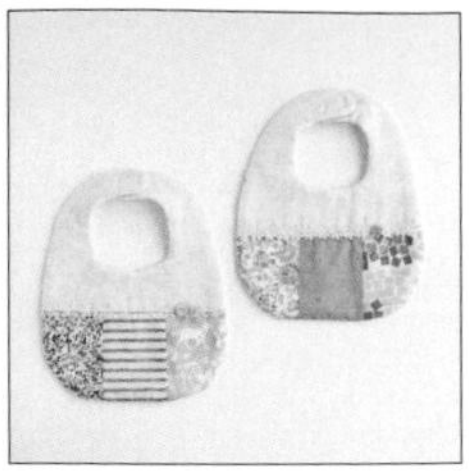

■ 材料（1個）

A布（雙層紗布）…25cm寬20cm
B布（棉・圖案）…10cm寬15cm
C布（棉・圖案）…10cm寬15cm
D布（棉・圖案）…10cm寬15cm
E布（格紋布）…25cm寬30cm
F布（棉・圖案）…2種各10cm寬10cm
魔鬼氈（2cm寬）…2.5cm
蕾絲（82／0.9cm寬　83／1.6cm寬）…25cm
鈕釦（82／1.4cm・0.9cm　83／1.1cm・0.9cm）…各1個

紙型

※皆外加1cm縫份。 ◯＝原寸紙型

前本體
（A布至D布・各1片）

後本體
（E布・1片）

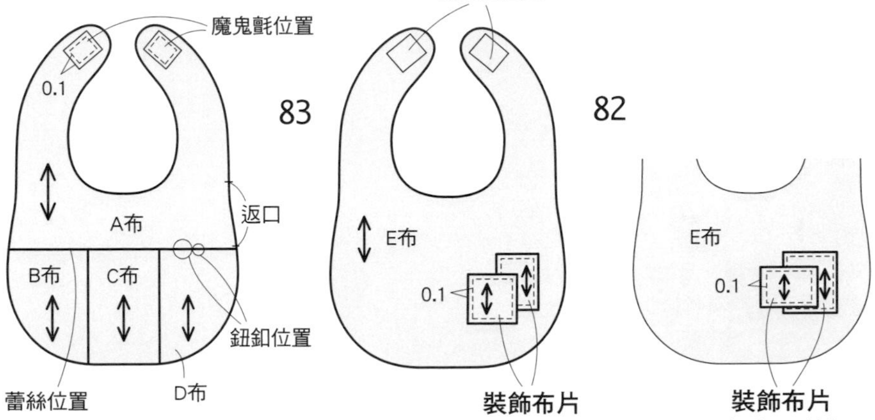

作法

❶ 製作前本體

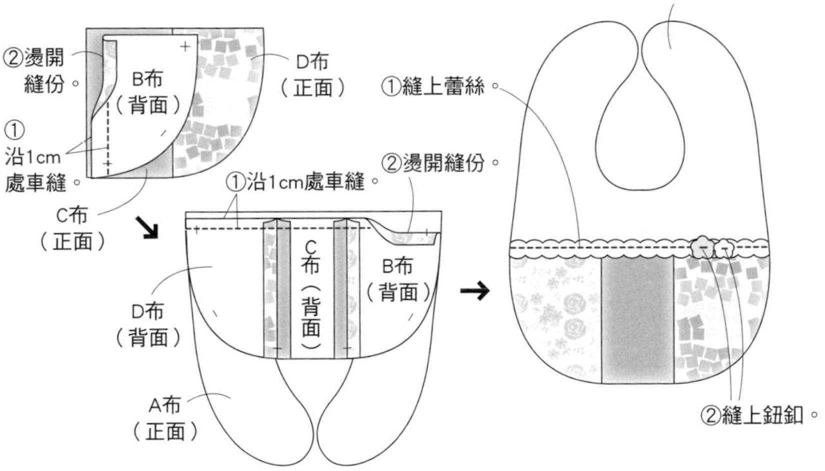

❷ 後本體縫上裝飾布片

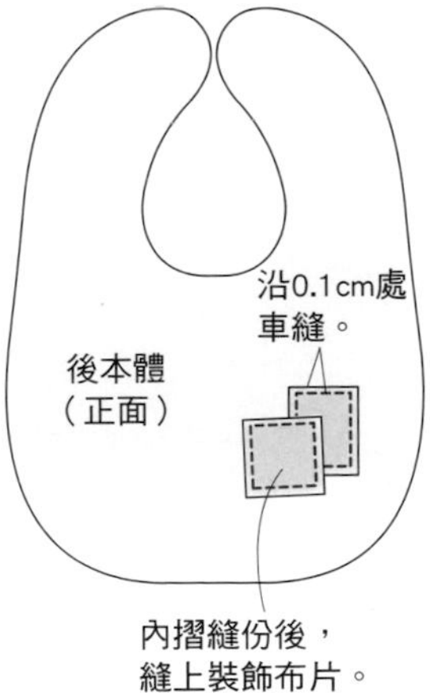

後本體（正面）
沿0.1cm處車縫。
內摺縫份後，縫上裝飾布片。

❸ 縫合前・後本體

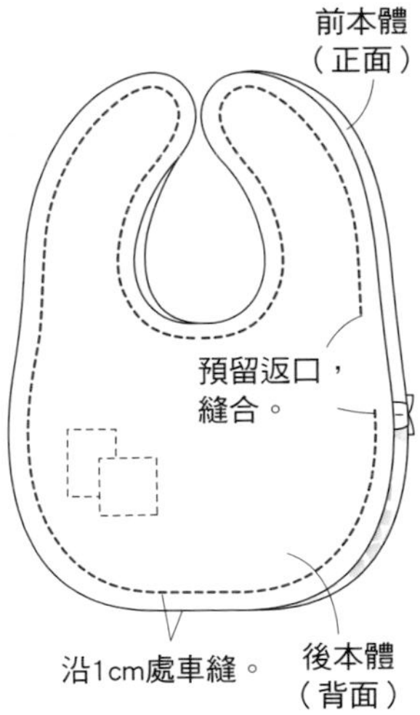

❹ 翻至正面，縫上魔鬼氈

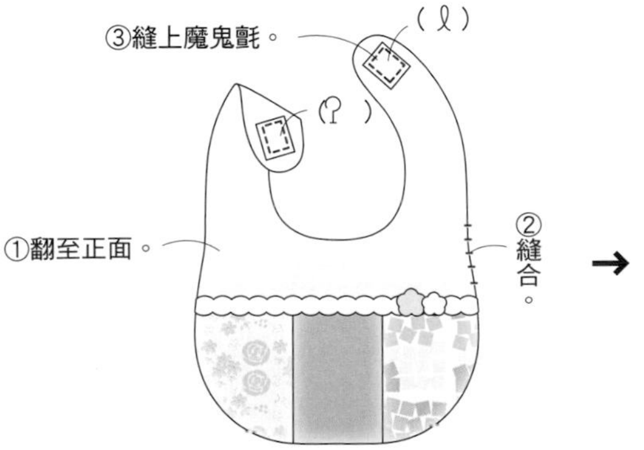

完成

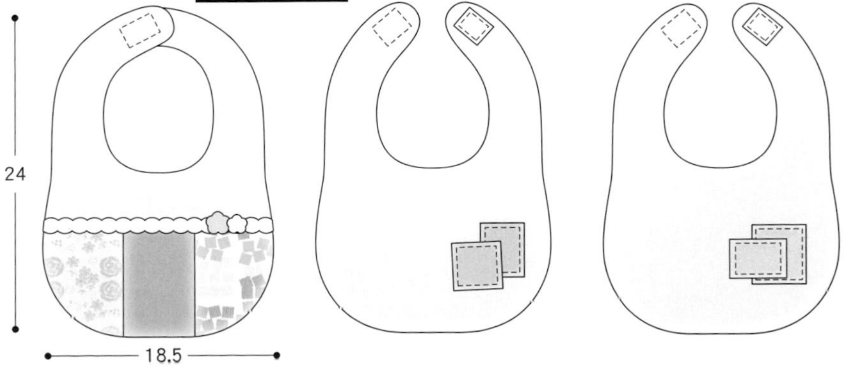

P.73 84・85

原寸紙型B面

■ 材料（1個）

84／A布（棉・圖案）…35cm寬25cm
84／B布（麻・素色）…20cm寬40cm
84／C布（麻・素色）…20cm寬10cm
85／A布（棉・圖案）…20cm寬25cm
85／B布（棉・圖案）…20cm寬35cm
85／C布（尼龍・素色）…20cm寬35cm
接著襯…35cm寬35cm
圓珠拉鍊（14cm）…1條
84／圓球織帶（1cm寬）…20cm
85／裝飾片（2.5cm）…1枚
四合釦（1.4cm）…1組
口袋包專用扣夾…1組
※口袋包專用扣夾／KAWAGUCHI
84／11-348（白色）
85／11-386（咖啡色）

紙型・製圖 ※口框內的數字為縫份尺寸。除指定處外，皆外加1cm縫份。 ⬭=原寸紙型

84 表本體（A布・接著襯・各1片）

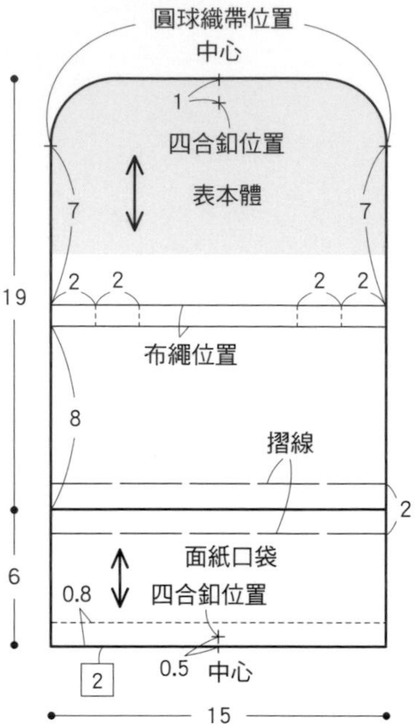

面紙口袋
（C布・接著襯・各1片）

84 裡本體（B布・接著襯・各1片）

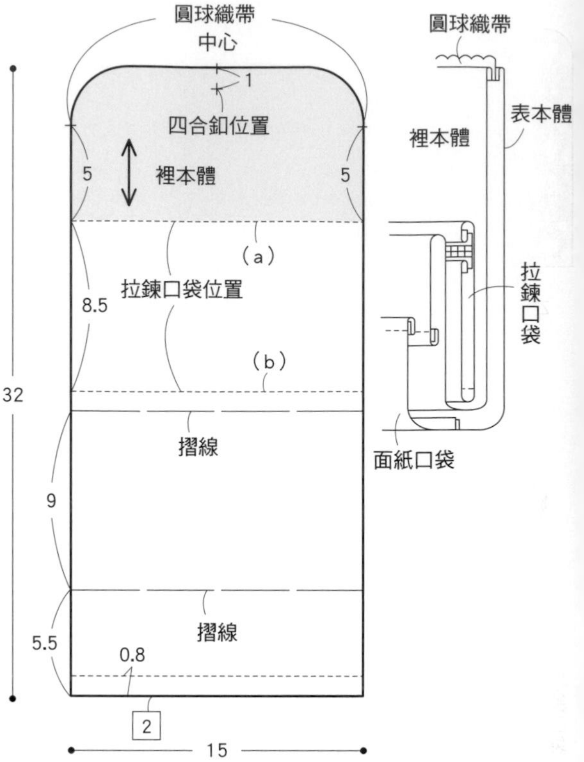

85 表本體（A布・接著襯・各1片）

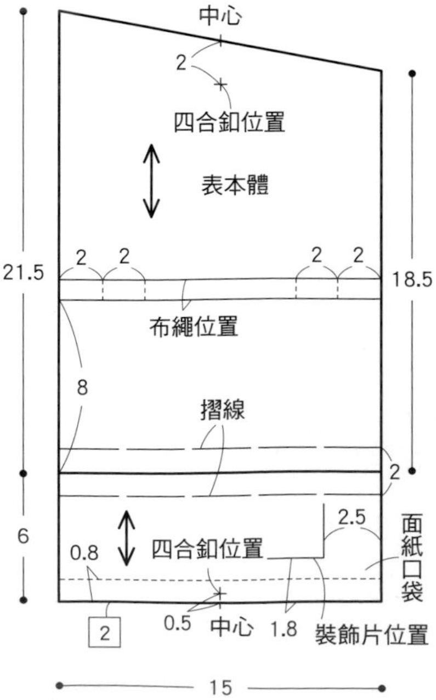

面紙口袋
（C布・接著襯・各1片）

85 裡本體（B布・接著襯・各1片）

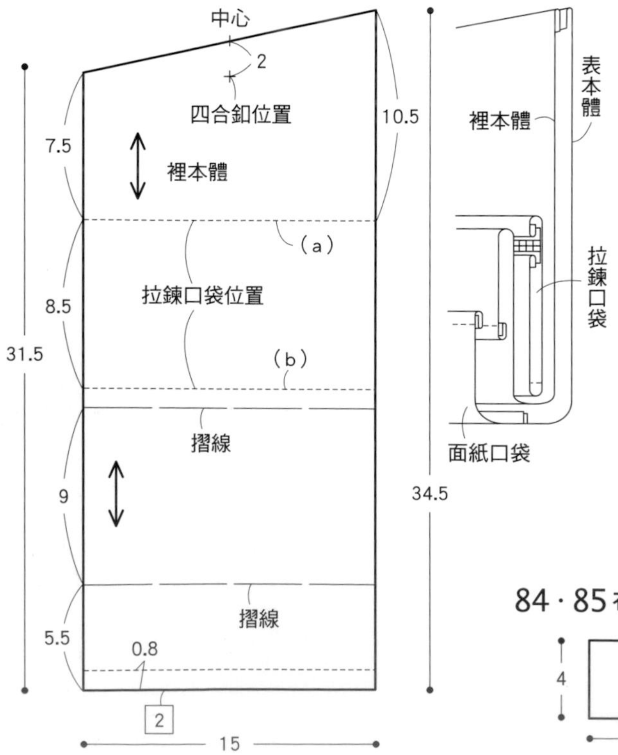

84・85 拉鍊口袋
（84／A布 85／C布・各1片）

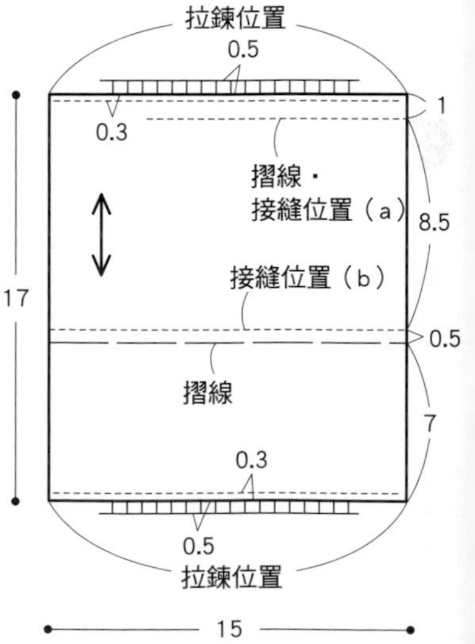

84・85 布繩（84／B布・接著襯 85／C布・接著襯・各1片）

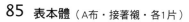

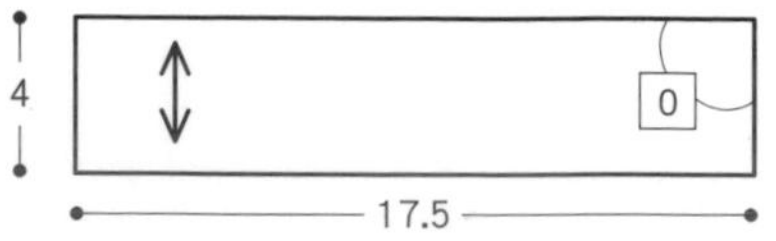

作法　※表本體、裡本體、面紙包、布繩皆貼上接著襯。

1 Z字型車縫

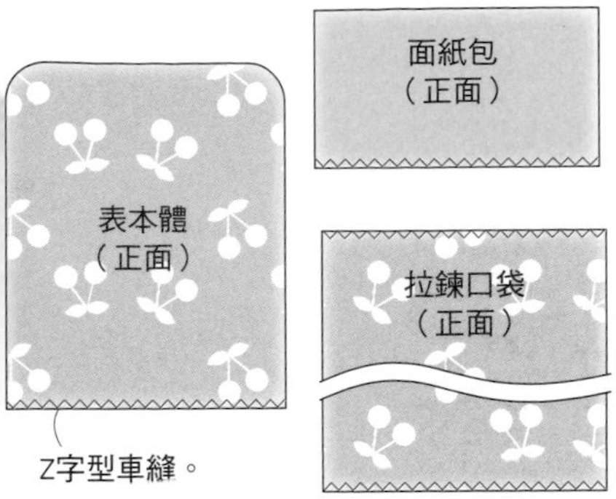

2 縫製面紙口袋的袋口

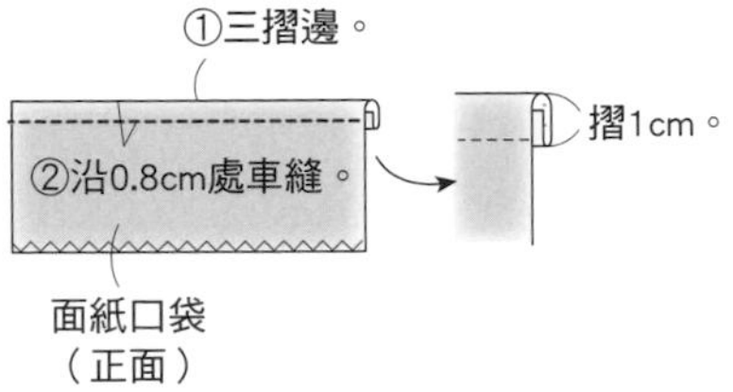

3 車縫裡本體底端＆摺疊

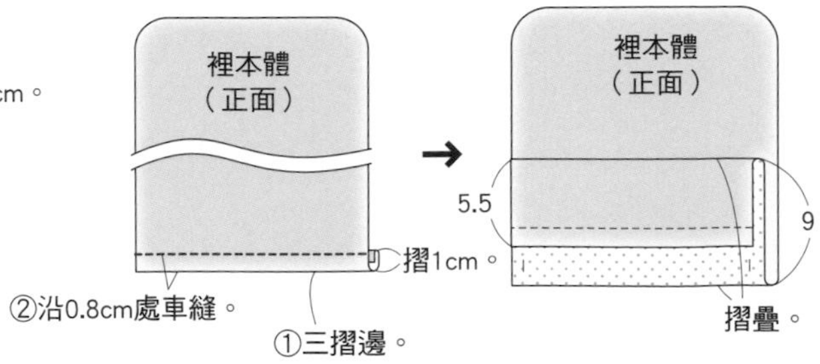

4 製作拉鍊口袋

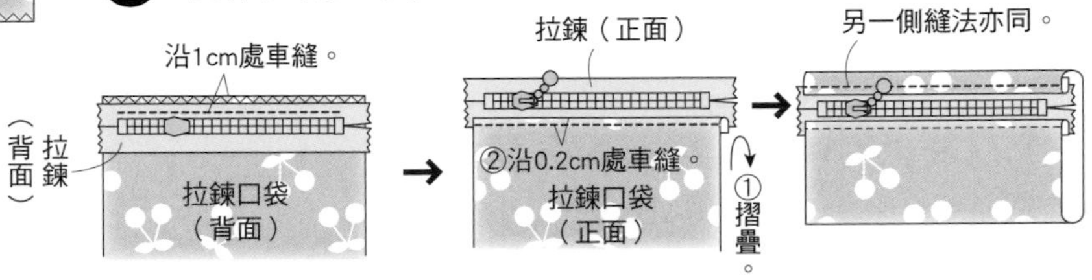

5 縫上拉鍊口袋

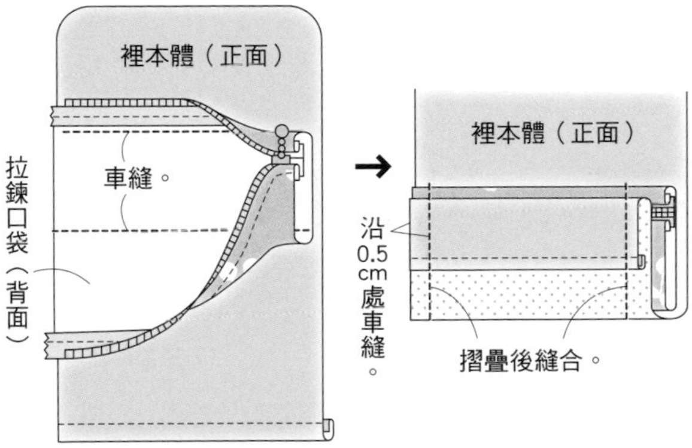

6 製作＆縫上布繩

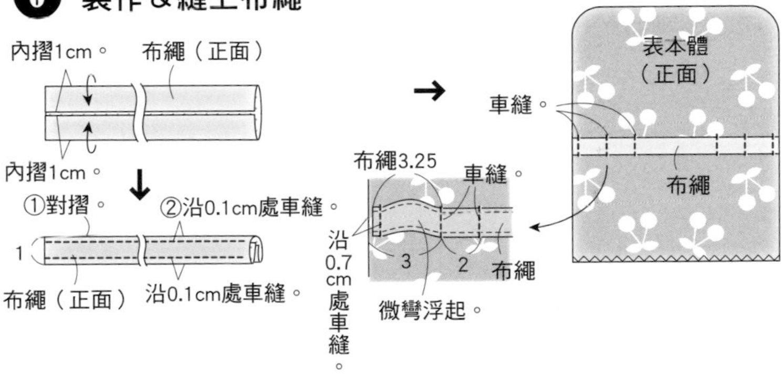

7 縫上面紙口袋

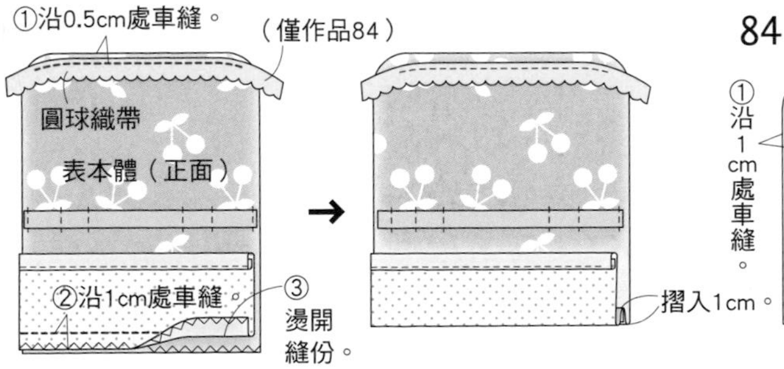

8 疊合表・裡本體後縫合

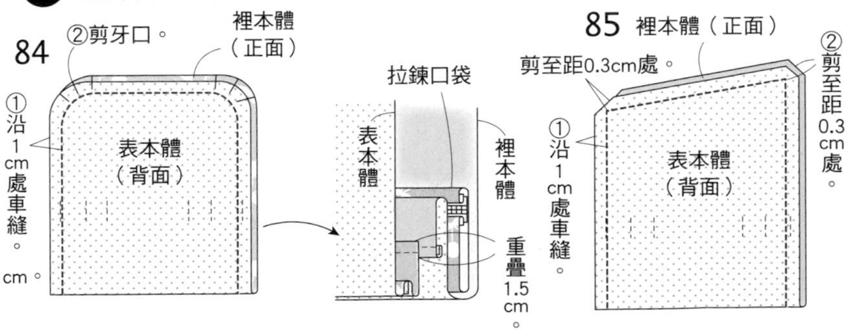

9 翻至正面，裝上四合釦＆扣夾

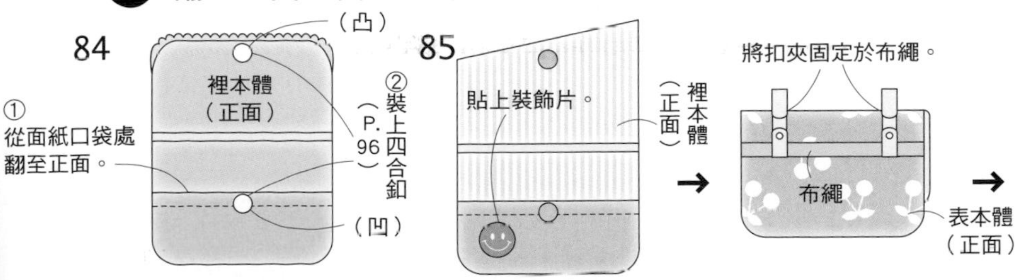

完成

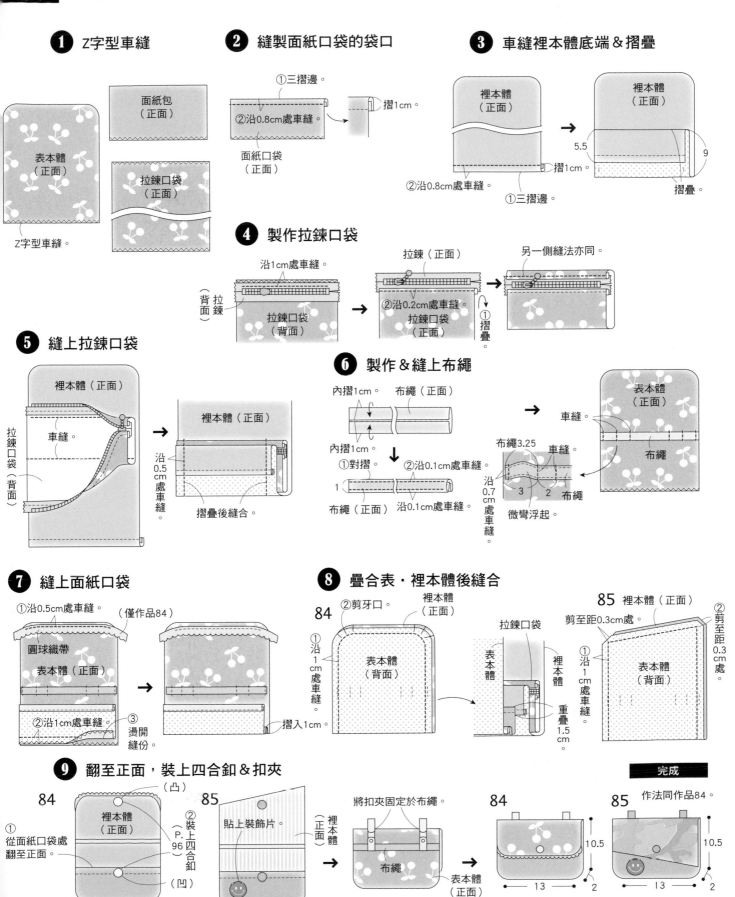

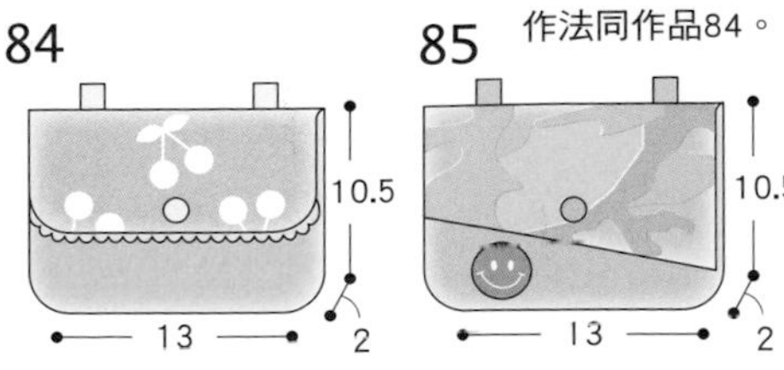

PART 7

時尚雜貨&飾品

交叉髮帶

兩片布在中央交叉製成的髮帶。
扭轉形成的立體感非常有魅力。
86使用同樣的布料，
87則以素色布&圖案布作出撞色效果。

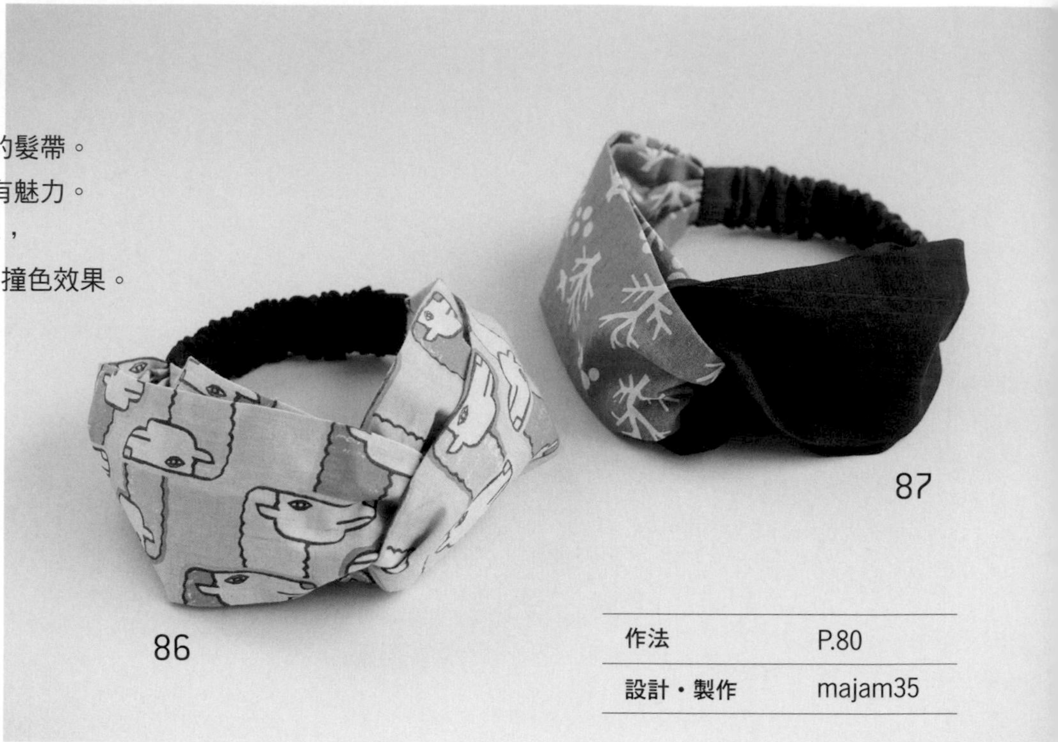

86

87

作法	P.80
設計・製作	majam35

三股編髮帶

以三片布條進行鬆鬆的三股編，
作成寬版髮帶。
建議以亞麻布等
具有自然感的布料製作。

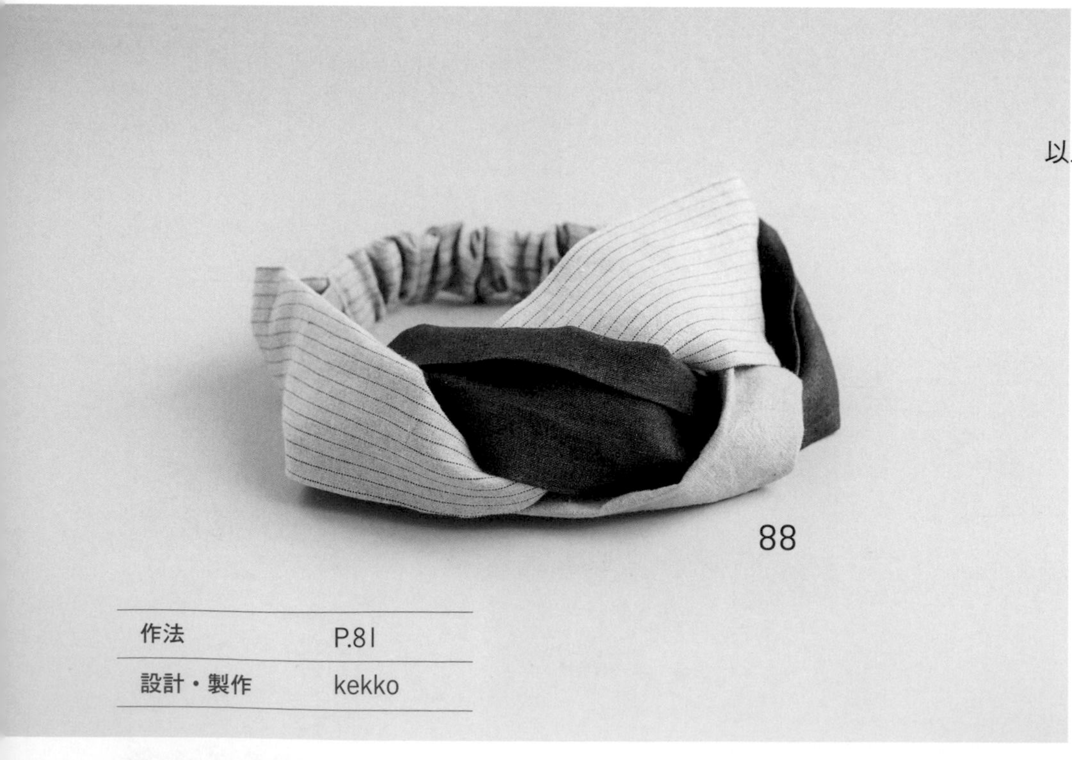

88

作法	P.81
設計・製作	kekko

橡實別針

將碎布縫成圓形，填入棉花，再貼上真正的橡實帽子就完成了！
圓滾可愛的模樣，令人不禁想多作幾個。

作法	P.80
設計・製作	minekko

薔薇胸花

手邊若有和風布料的碎布，作成這樣的胸花如何呢？
碎布縫三角形後，從中央開始捲起，再縫牢即完成。
將同色系的碎布組合在一起，或製成五彩繽紛的模樣都很美麗。

作法	P.94
設計・製作	布あそぼ

P.78 86・87

■ 86材料

A布（棉・圖案）…50cm寬40cm
B布（棉・素色）…30cm寬10cm
鬆緊帶（2.5cm寬）…13cm

■ 87材料

A布（棉・圖案）…50cm寬20cm
B布（棉・素色）…30cm寬10cm
C布（麻・素色）…50cm寬20cm
鬆緊帶（2.5cm寬）…13cm

製圖 ※全部直接裁剪。

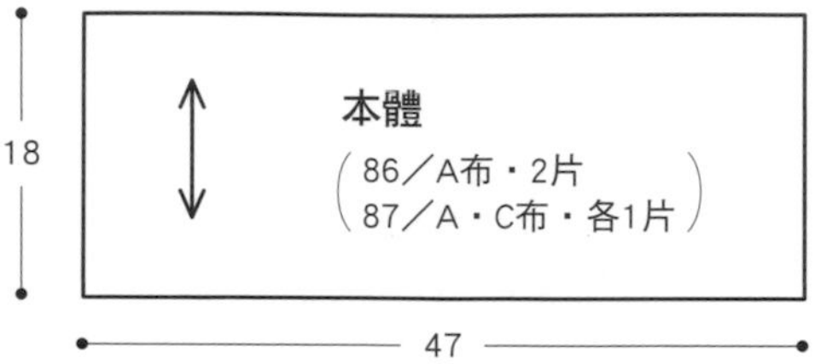

鬆緊帶外覆布

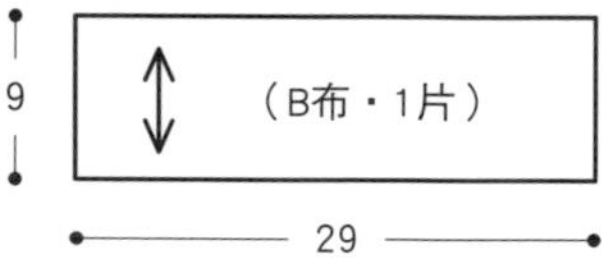

作法

1 製作本體

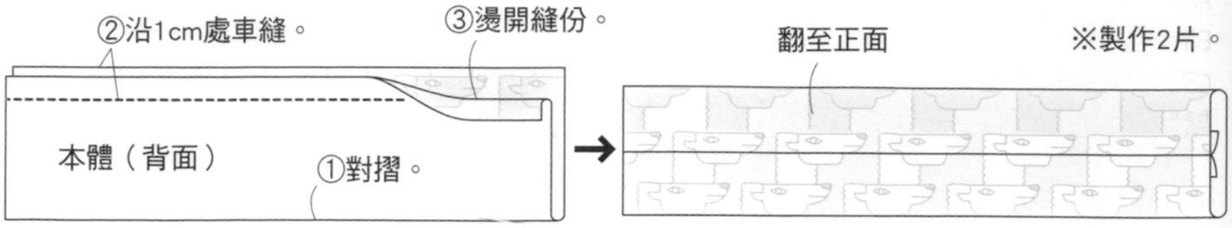

※鬆緊帶外覆布也以相同作法製作。

2 摺出抓摺

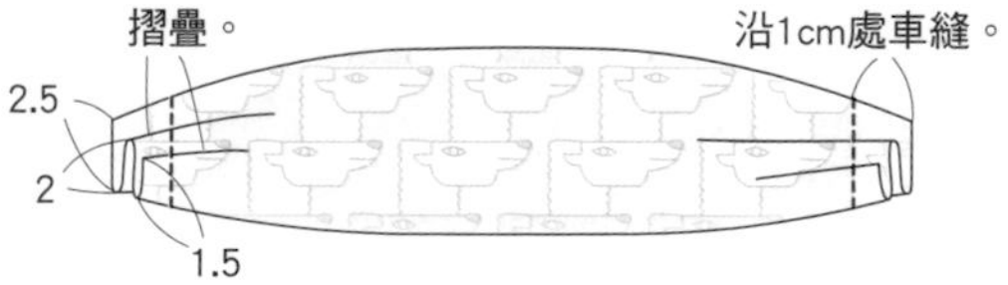

3 內摺鬆緊帶外覆布的末端

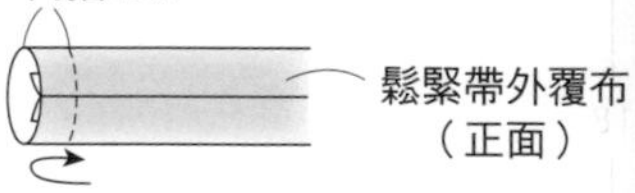

4 將本體交叉，縫上鬆緊帶

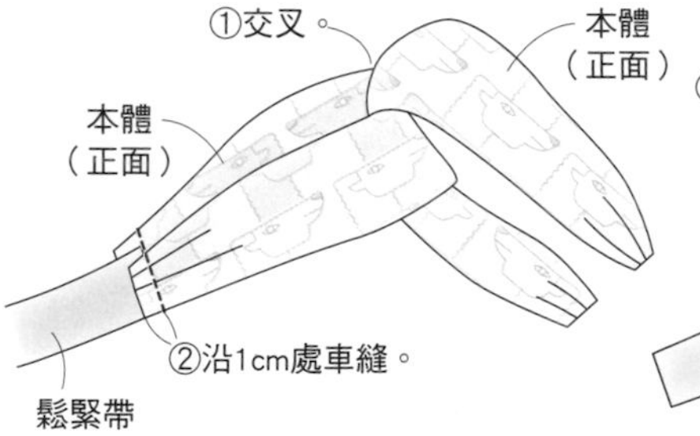

5 縫上鬆緊帶外覆布

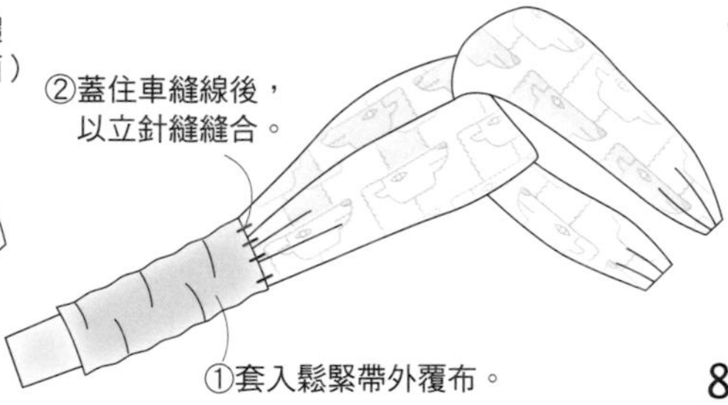

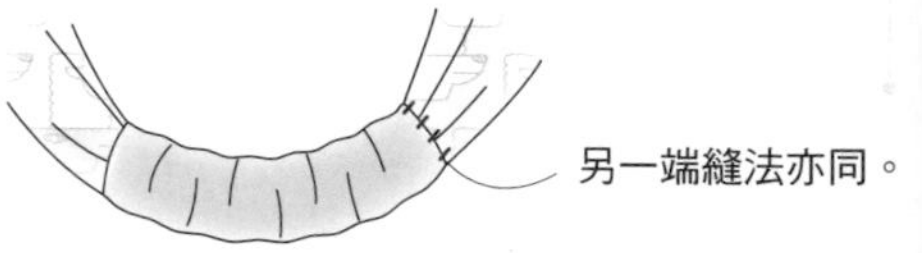

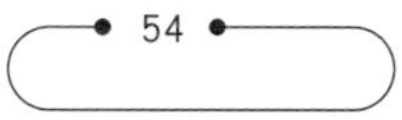

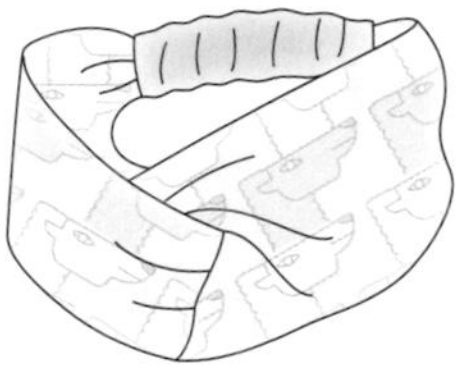

86

完成

作法同作品86。

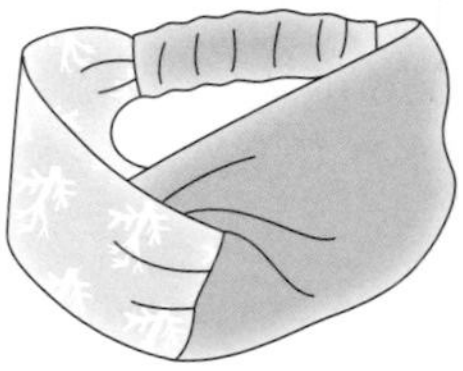

87

P.79 89至93

原寸紙型B面

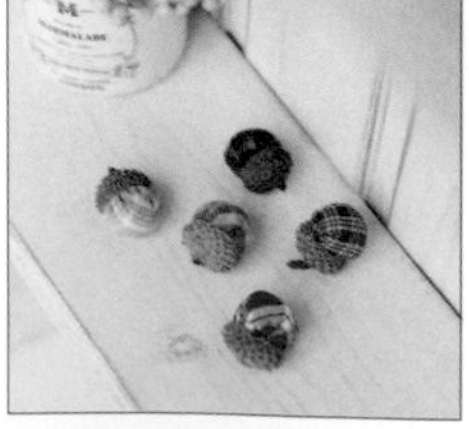

■ 材料（1個）

A布（棉・圖案）…5cm寬5cm
橡實帽子（直徑2cm）…1個
別針（2cm）…1個

型紙

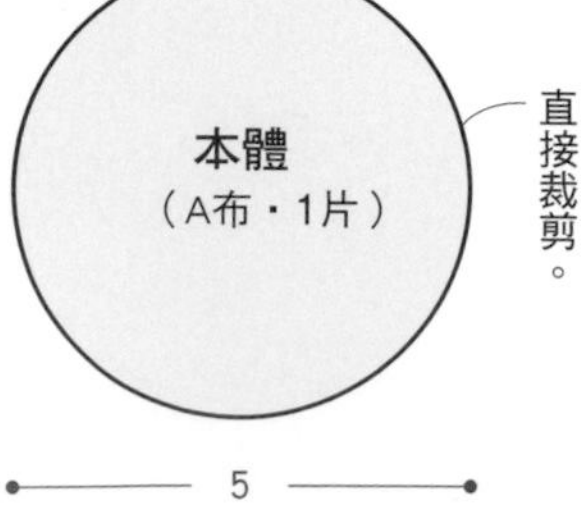

作法

1 沿周圍縫一圈

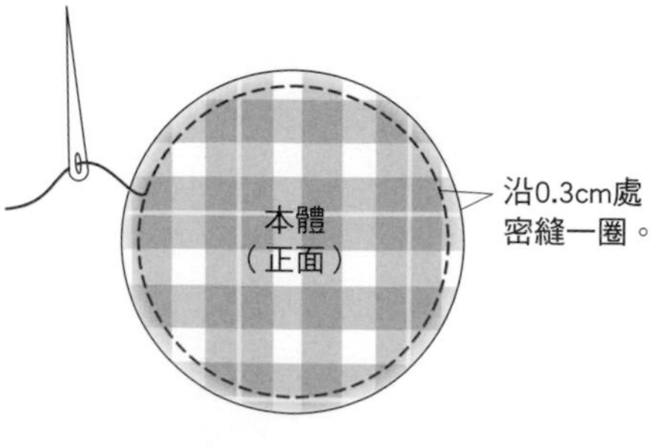

P.78 88

■ 材料

A布（棉麻・圖案）…50cm寬30cm
B布（棉麻・素色）…50cm寬20cm
C布（棉麻・素色）…50cm寬20cm
鬆緊帶（2.5cm寬）…14cm

製圖

※全部直接裁剪。

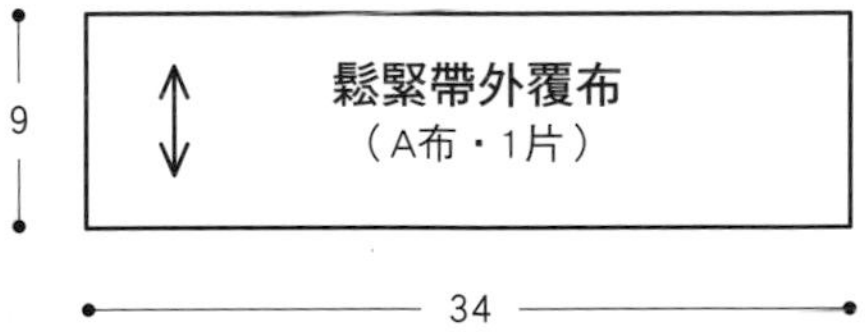

作法

1 製作3片本體

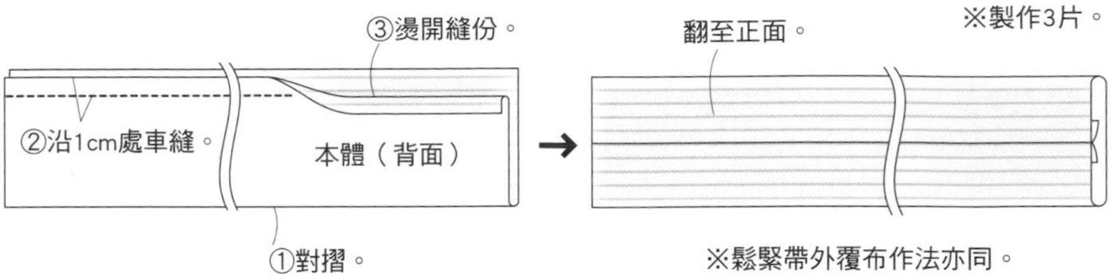

2 將本體編成三股

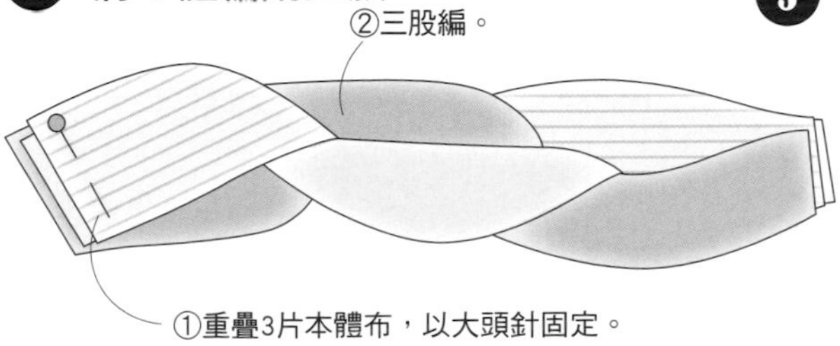

②三股編。
①重疊3片本體布，以大頭針固定。

3 內摺鬆緊帶外覆布的末端

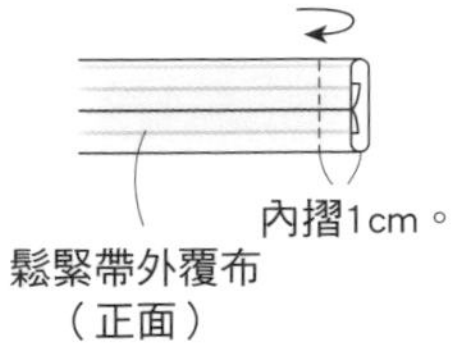

4 摺疊本體兩端＆縫上鬆緊帶

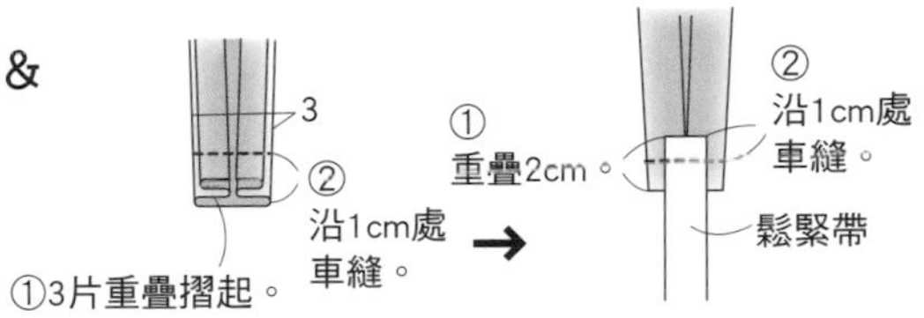

5 縫上鬆緊帶外覆布

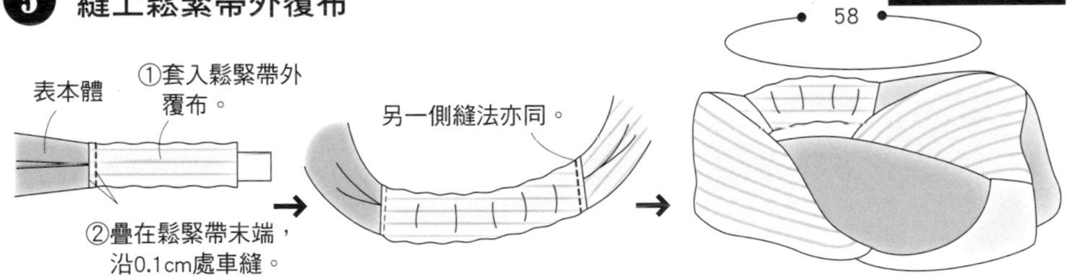

完成

---

2 拉緊線，填入棉花

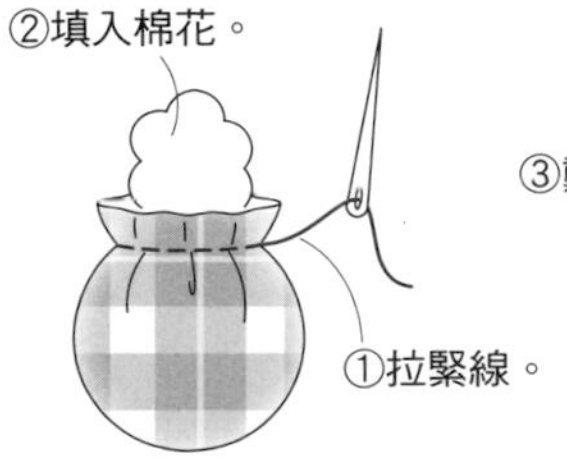

3 裝上帽子

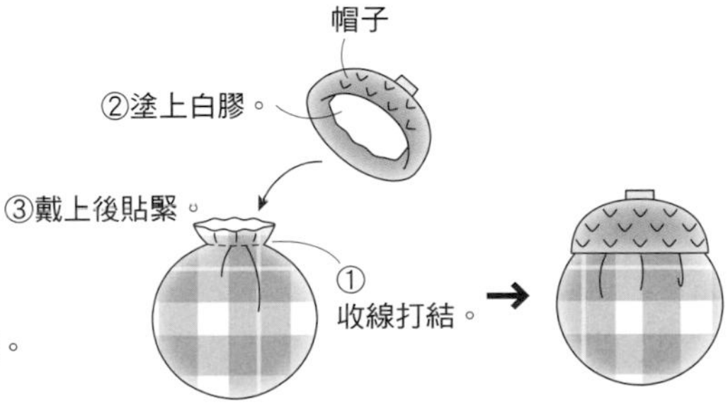

4 縫上別針

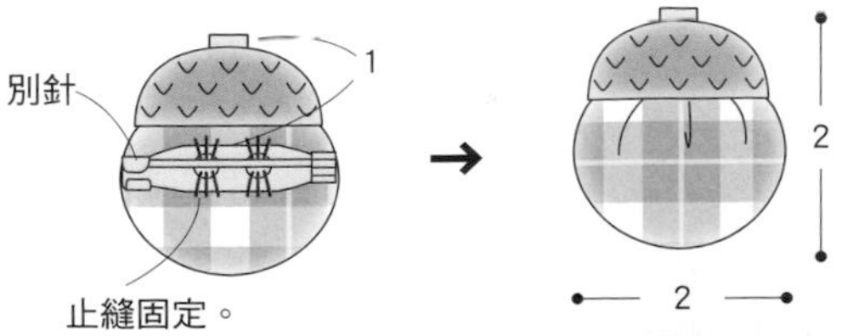

完成

96 97 98

蝴蝶結髮圈

將縫成細長帶狀的布扭圈打結，
製作方法相當簡單。
使用Liberty碎花布，
即使是小孩使用，也能有高雅的感覺。

作法	P.84
設計・製作	midoriko

糖果髮圈

將布片縫成圓筒狀後，扭絞兩端，
就成了圓圓的可愛糖果。
除了髮圈，
也可作成別針等飾品。

99 100 101

作法	P.84
設計・製作	minekko

蝴蝶別針

蝴蝶別針的圓圓翅膀非常可愛。
在縫成心形的碎布中央，
以繩子用力綁緊即完成。

作法	P.85
設計・製作	いがらし ありさ

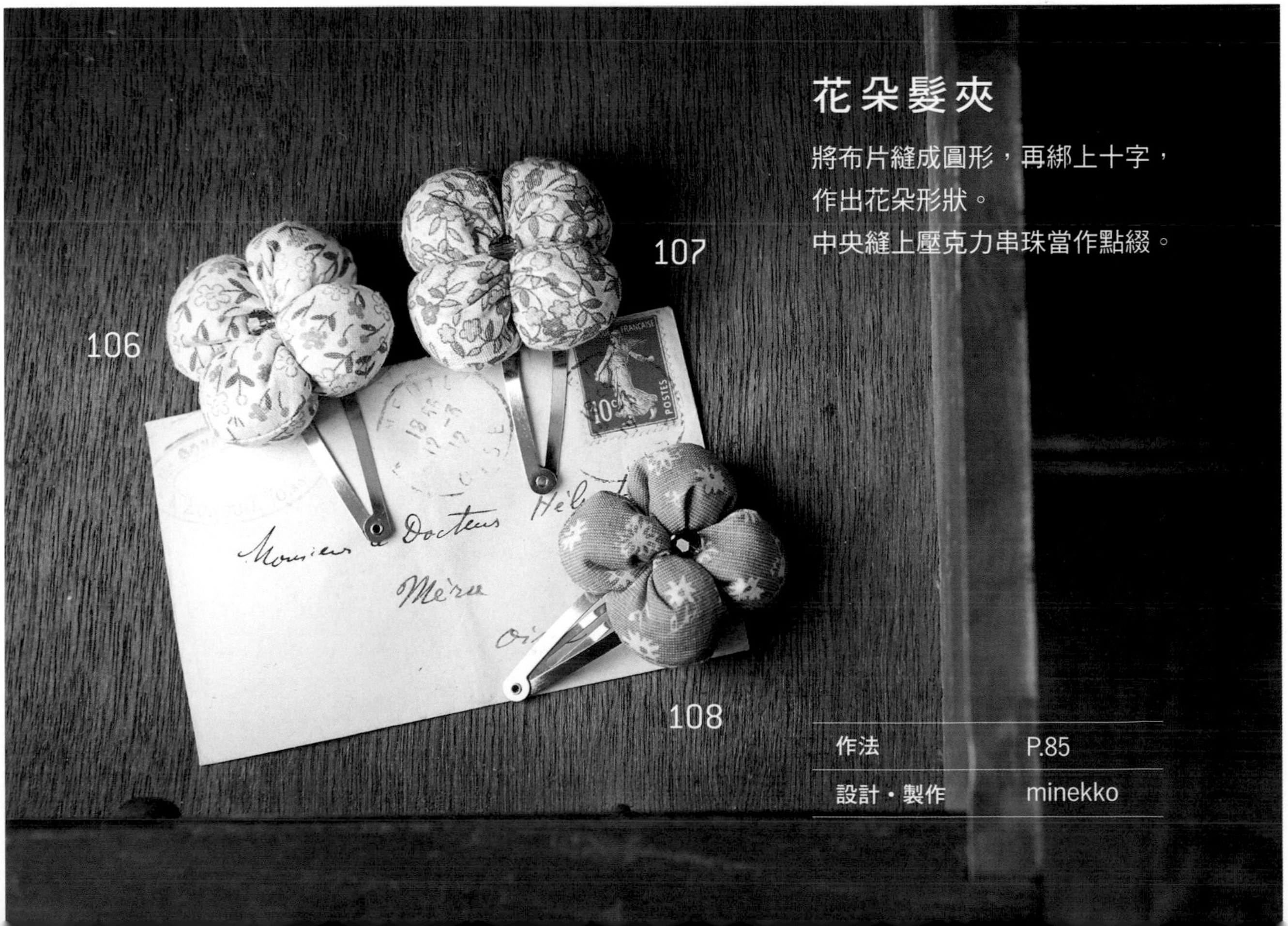

花朵髮夾

將布片縫成圓形，再綁上十字，
作出花朵形狀。
中央縫上壓克力串珠當作點綴。

作法	P.85
設計・製作	minekko

P.82 96至98

原寸紙型B面

■ 材料（1個）

A布（棉細平布・圖案）…15cm寬10cm
髮圈…1條
手工藝棉花…適量

紙型

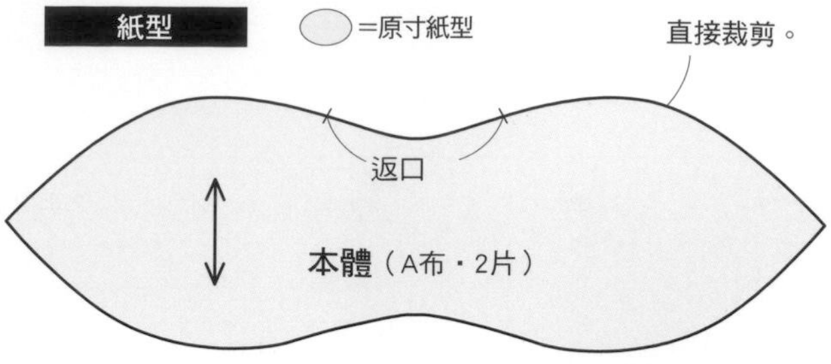

作法

1 製作本體

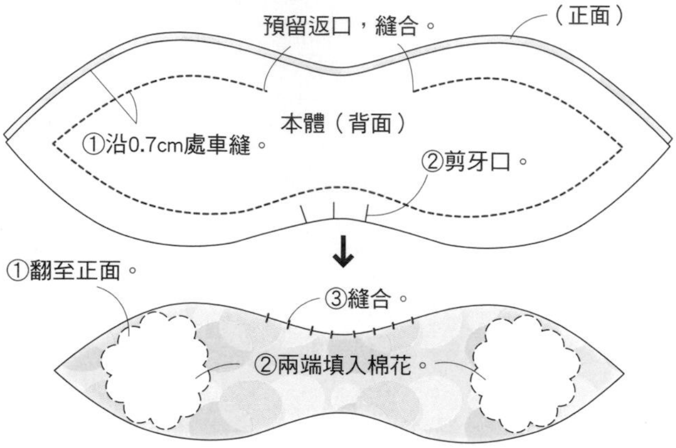

2 綁在髮圈上，打一個結

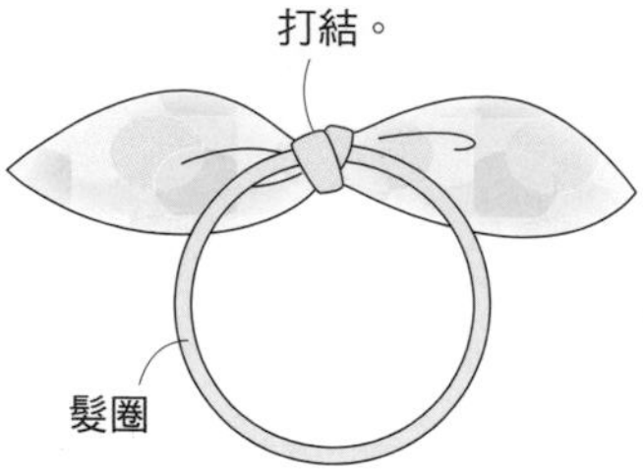

完成

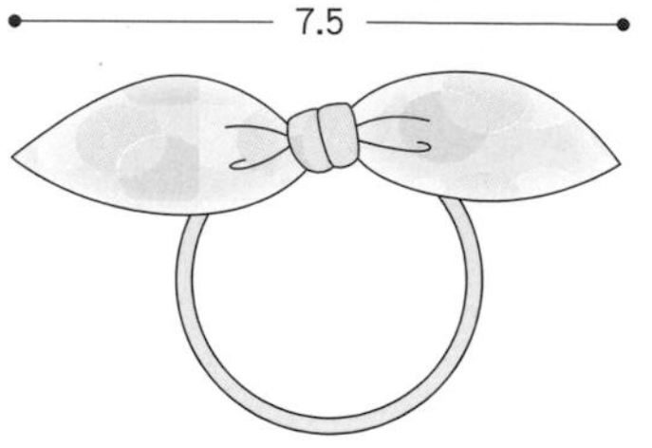

P.82 99至101

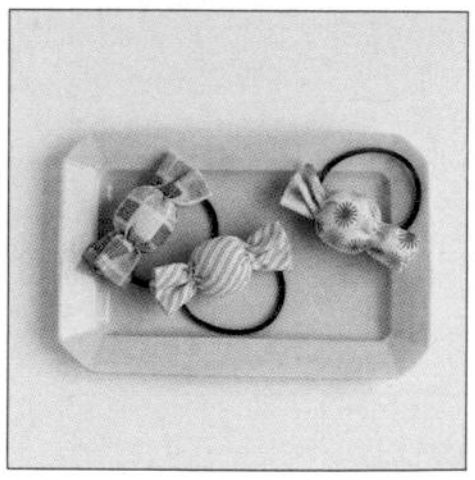

■ 材料（1個）

A布（棉・圖案）…20cm寬15cm
髮圈…1條
手工藝棉花…適量

作法

1 熨出摺痕

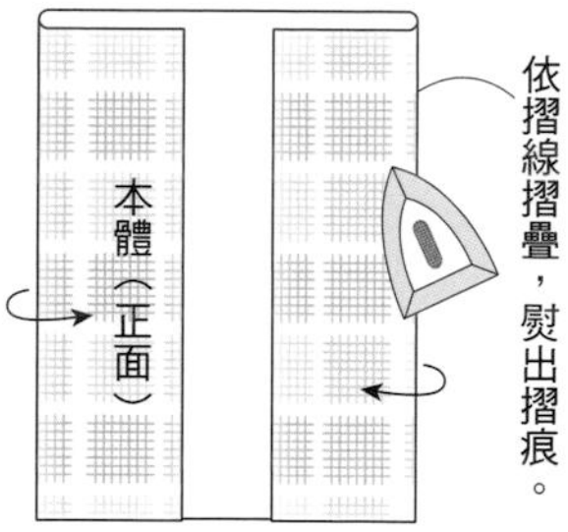

2 對摺後縫合

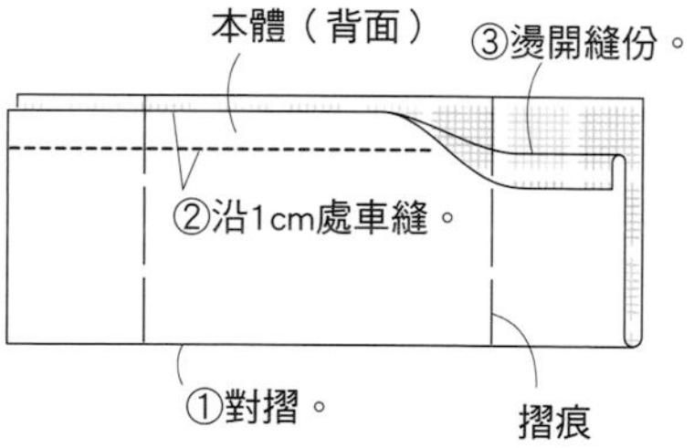

製圖

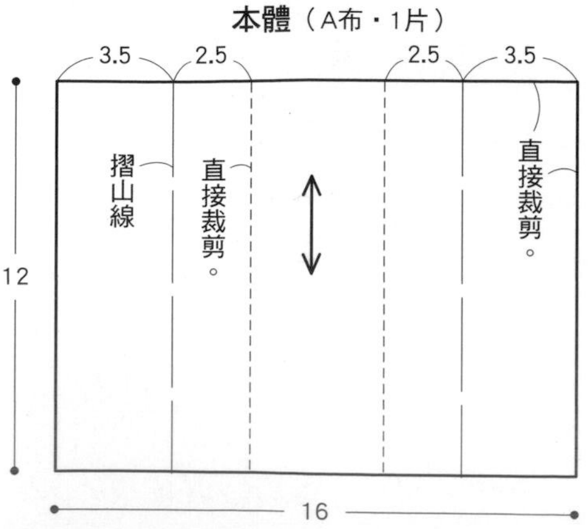

3 翻至正面，將兩端內摺

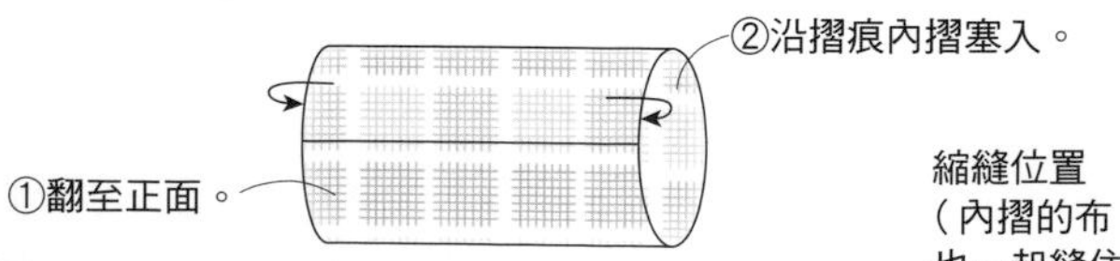

4 平針縮縫

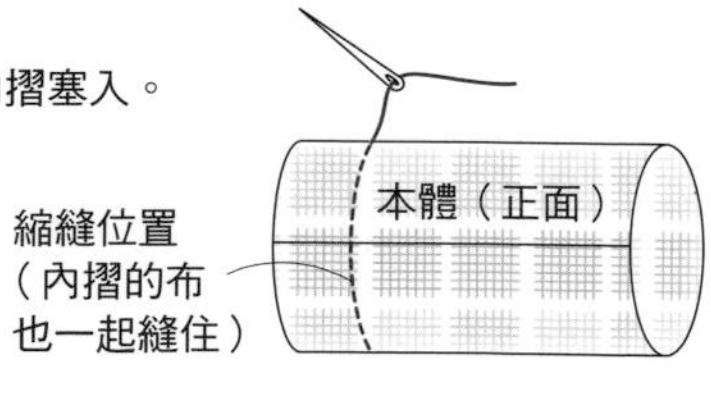

5 填入棉花，另一側也進行縮縫

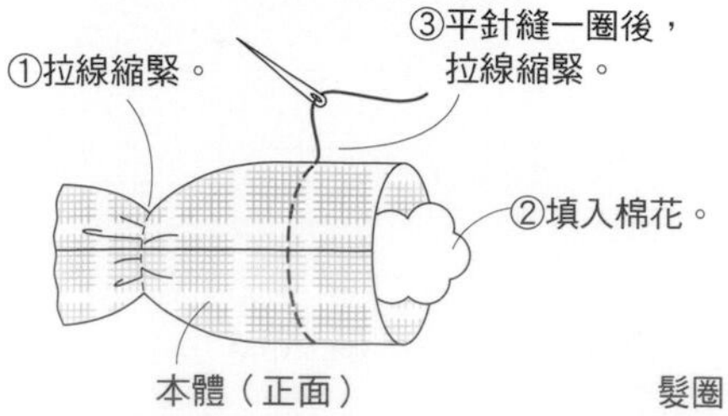

6 縫上髮圈

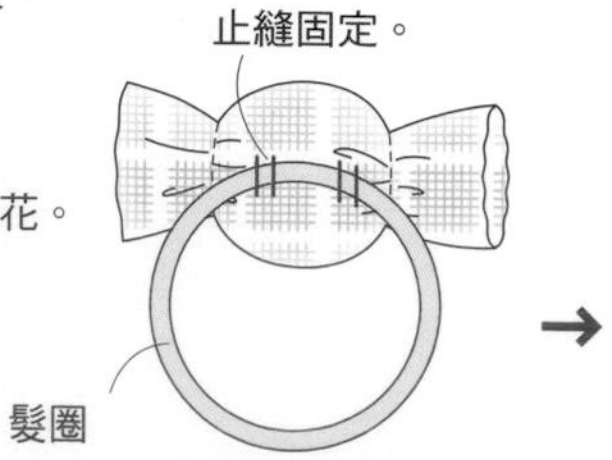

完成

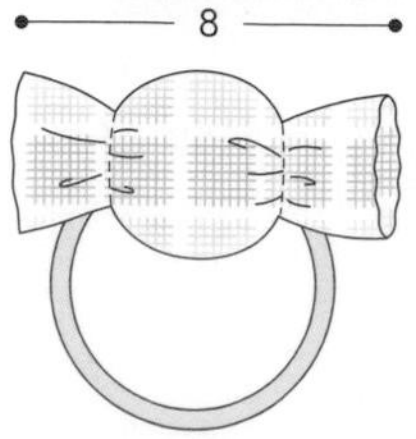

P.83 102至105

原寸紙型A面

■ 材料（1個）

A布（棉・圖案）…10cm寬10cm
繩子（粗0.5mm）…10cm
別針（2.5cm）…1個
手工藝棉花…適量

紙型

※皆外加0.3cm縫份。

⬭=原寸紙型

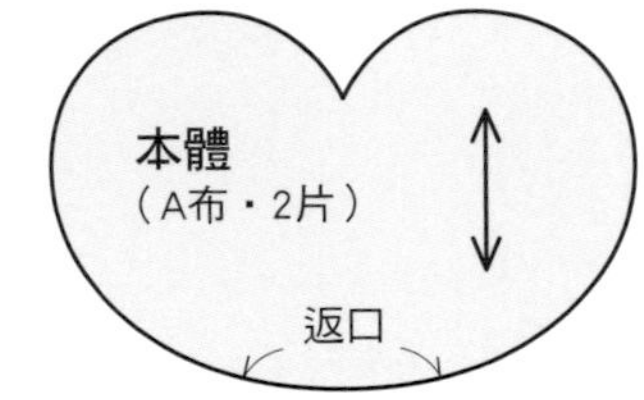

作法

1 縫製本體

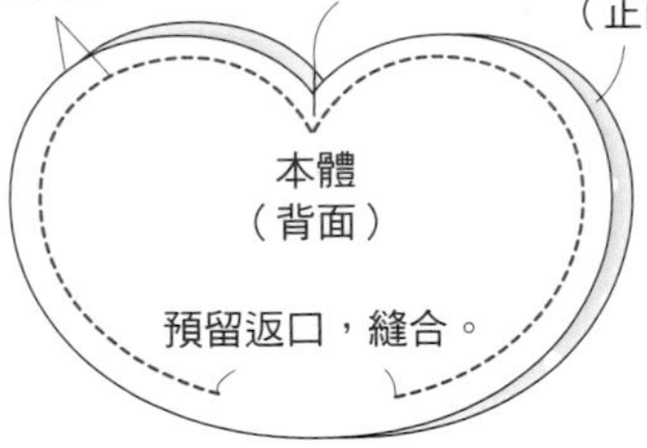

2 翻至正面，填入棉花

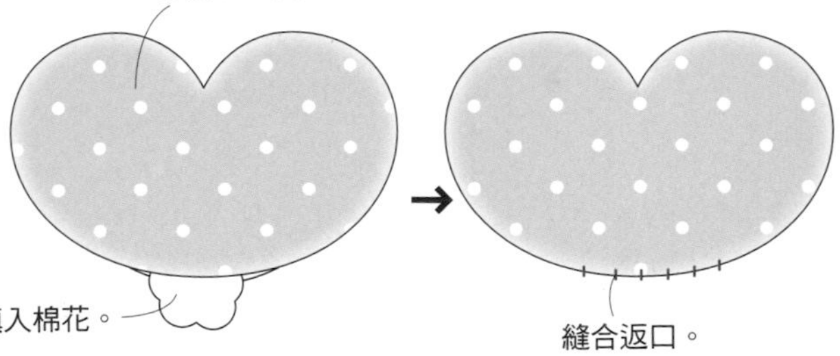

3 縫上別針

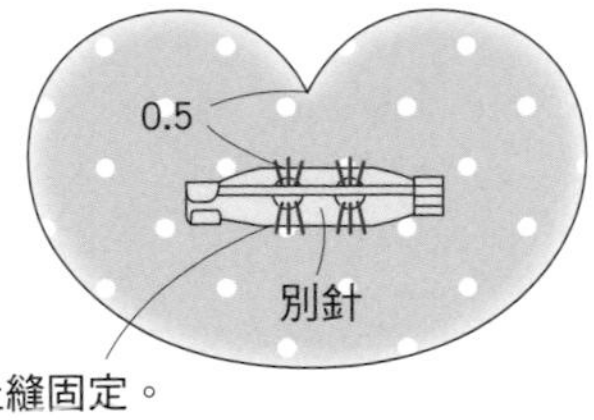

4 繞緊繩子

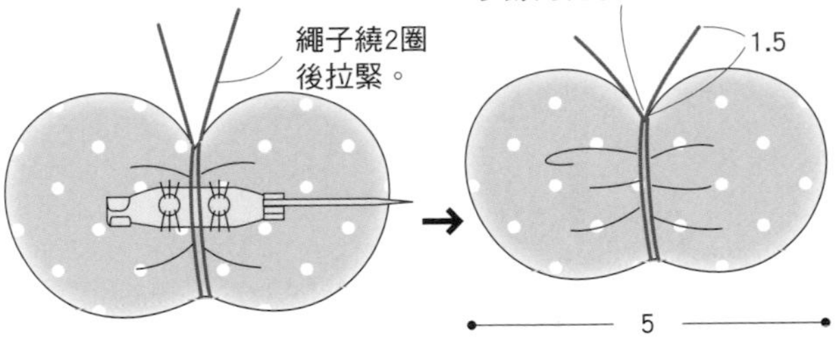

P.83 106至108

原寸紙型B面

■ 材料（1個）

A布（棉・圖案）…20cm寬10cm
串珠（6mm）…1個
手工藝棉花…適量
水滴夾（5cm）…1個

紙型

⬭=原寸紙型

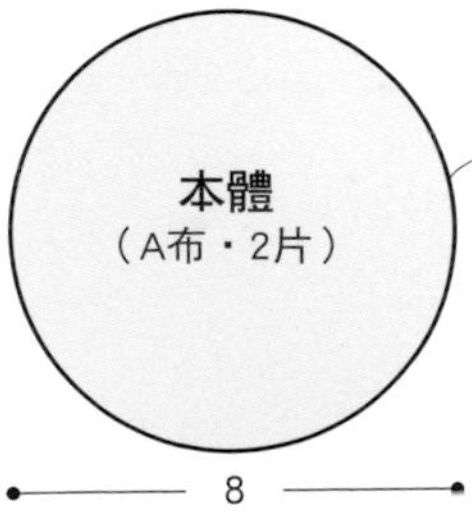

作法

1 縫製本體

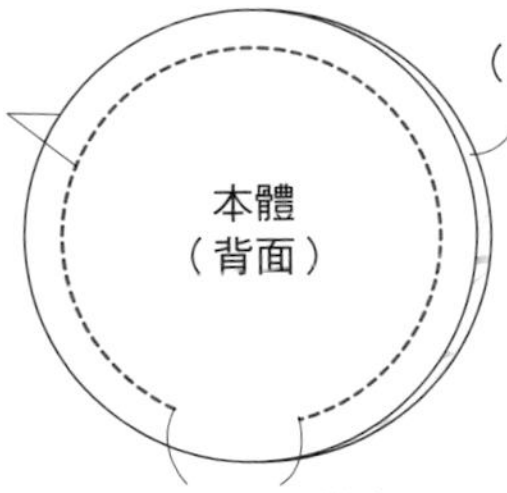

2 翻至正面，填入棉花

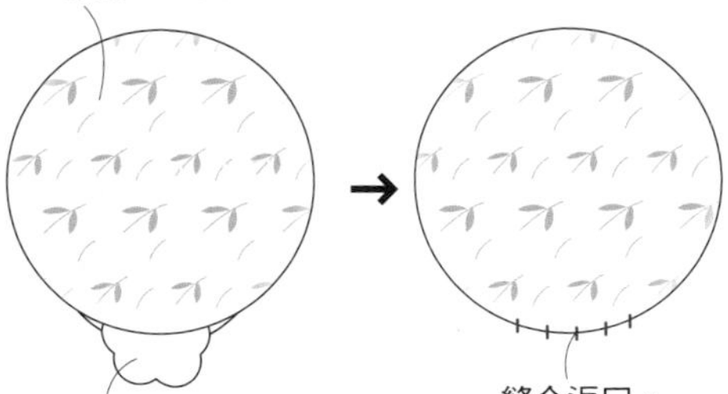

3 將線綁成十字後拉緊

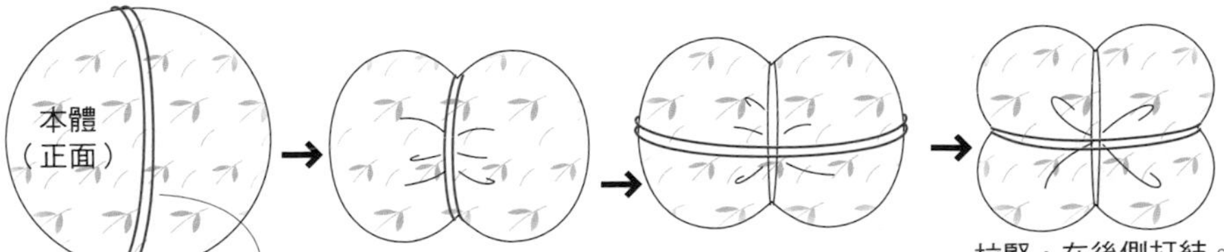

4 縫上串珠

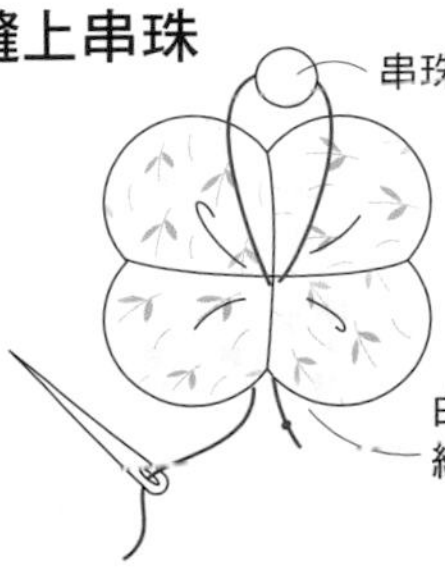

5 縫上水滴夾

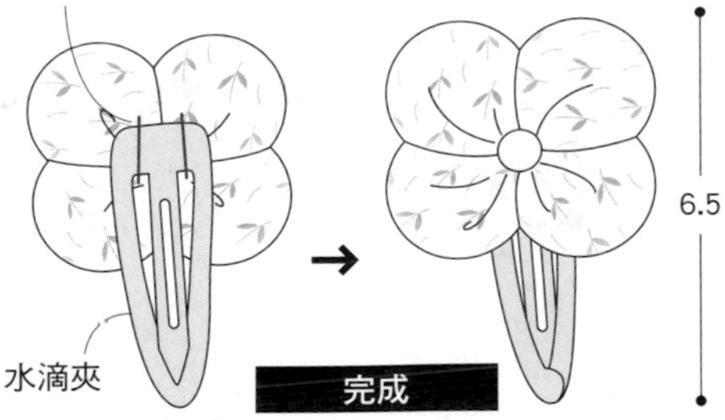

PART 8

創意應用

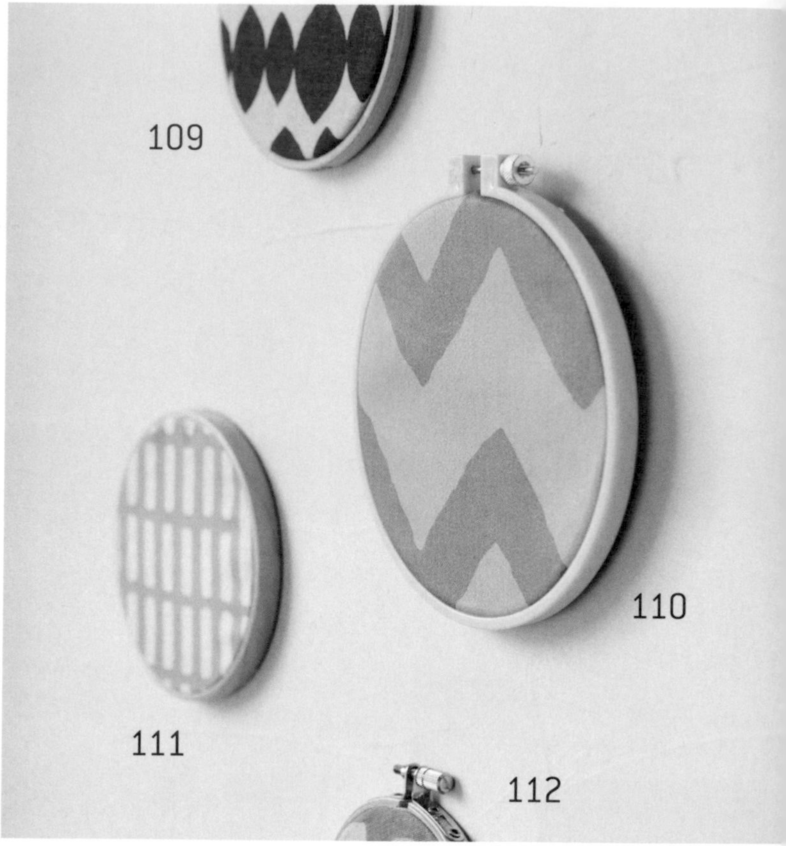

刺繡框壁飾

將喜歡的零碼布裝在刺繡框上，
作成時髦壁飾，
將房間裝飾得繽紛又美麗。

作法	P.88
設計・製作	mami

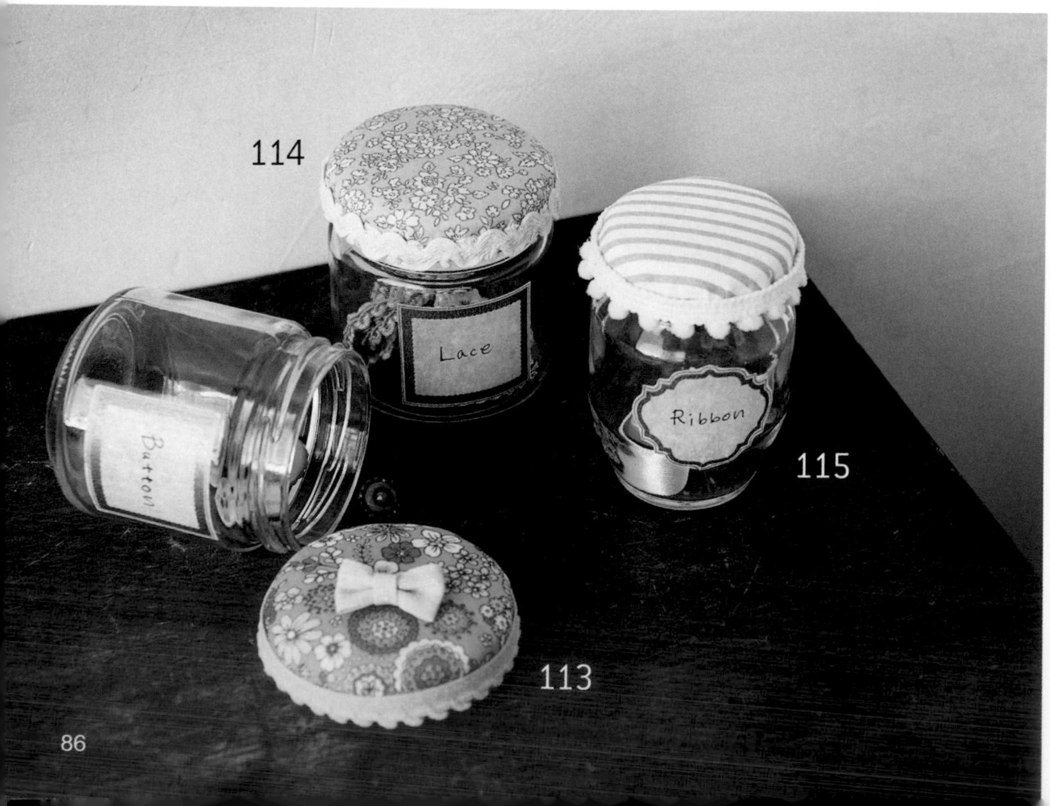

氣質收納瓶

將空瓶的瓶蓋
包覆上零碼布就完成了！
夾入鋪棉後，
蓬蓬的視覺效果
是不是特別可愛呢？

作法	P.88
設計・製作	mami

花樣木夾

以雙面膠將木夾貼上花朵碎布。
可應用於包裝或收納等各種用途。

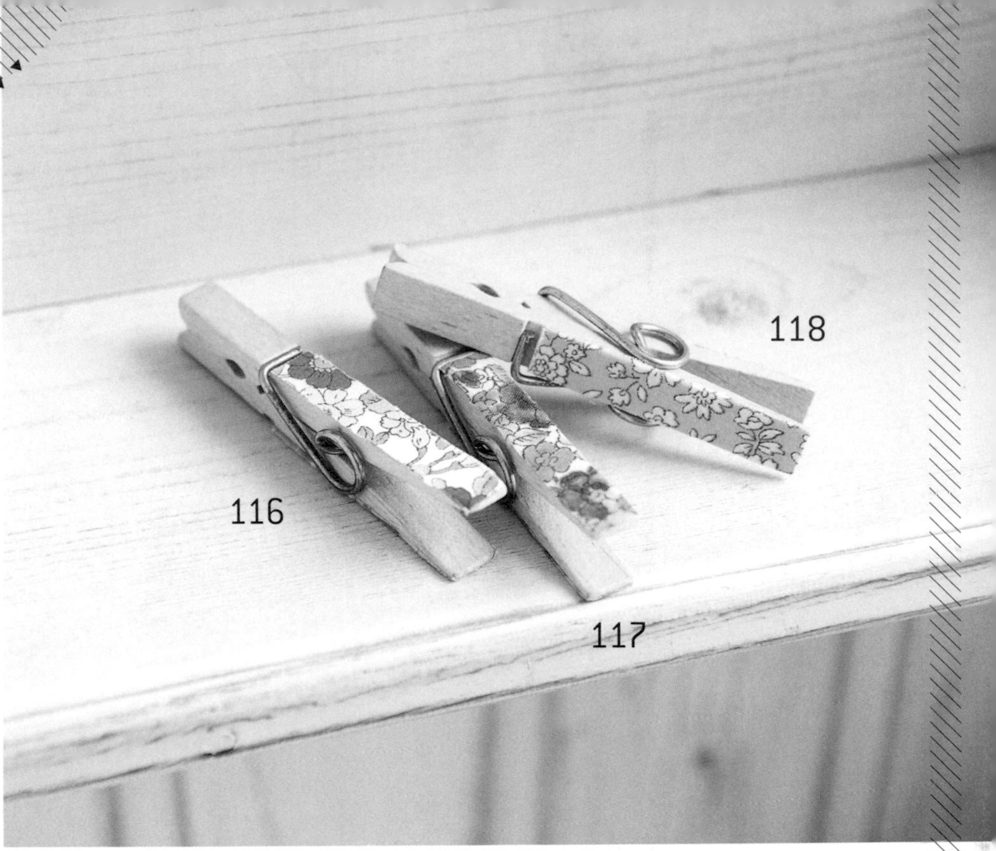

作法	P.89
設計・製作	mami

布飾框

將喜歡的布料縫合起來放入相框，
就是很棒的房間裝飾。
陳設在書櫃或牆上都很合適。

作法	P.89
設計・製作	mami

P.86 109至112

■ **材料（1個）**

A布（棉・圖案）…109／30cm寬30cm
110／30cm寬30cm
111／30cm寬30cm
112／25cm寬25cm

刺繡框…1個
（109／12.5cm 110／15cm
111／12cm 112／10cm）

作法

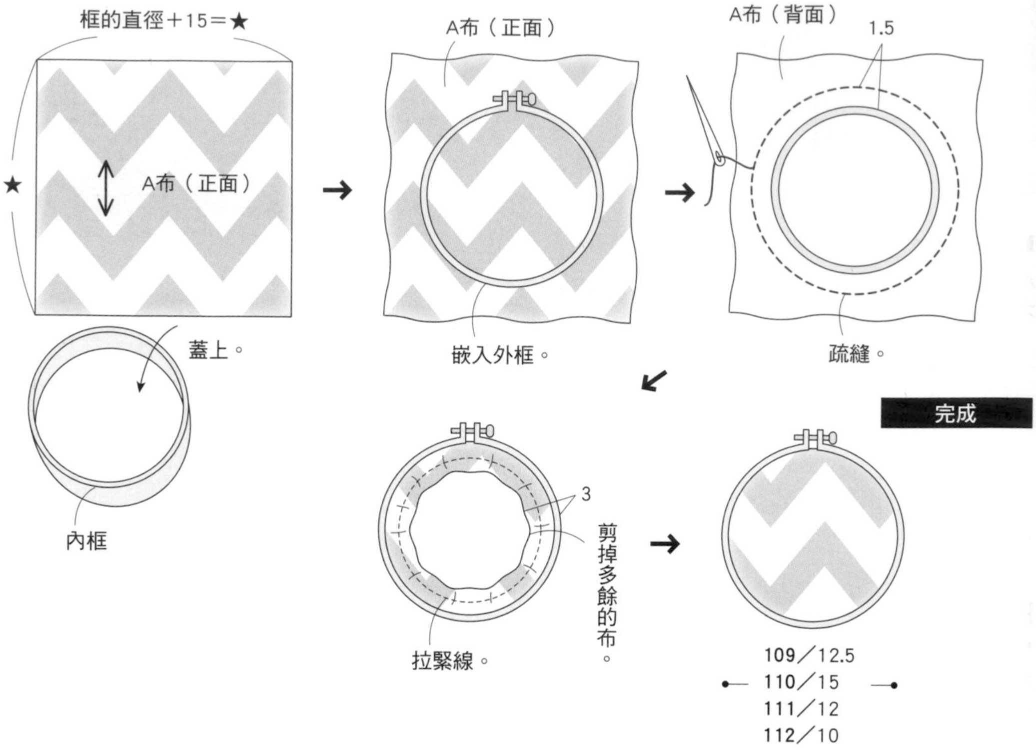

框的直徑＋15＝★
★
A布（正面）
蓋上。
內框
A布（正面）
嵌入外框。
A布（背面）
1.5
疏縫。
完成
3
剪掉多餘的布。
拉緊線。
109／12.5
110／15
111／12
112／10

P.86 113至115

■ **材料（1個）**

A布（棉・圖案）…20cm寬20cm
鋪棉…10cm寬10cm
113・115／圓球織帶（1.2cm寬）
…25cm
114／蕾絲（1cm寬）…25cm
113／緞帶（3cm）…1個
標籤貼紙…1張
瓶子…1個
（113・114／直徑6.5cm 高8cm
115／直徑5.5cm 高8cm）

作法

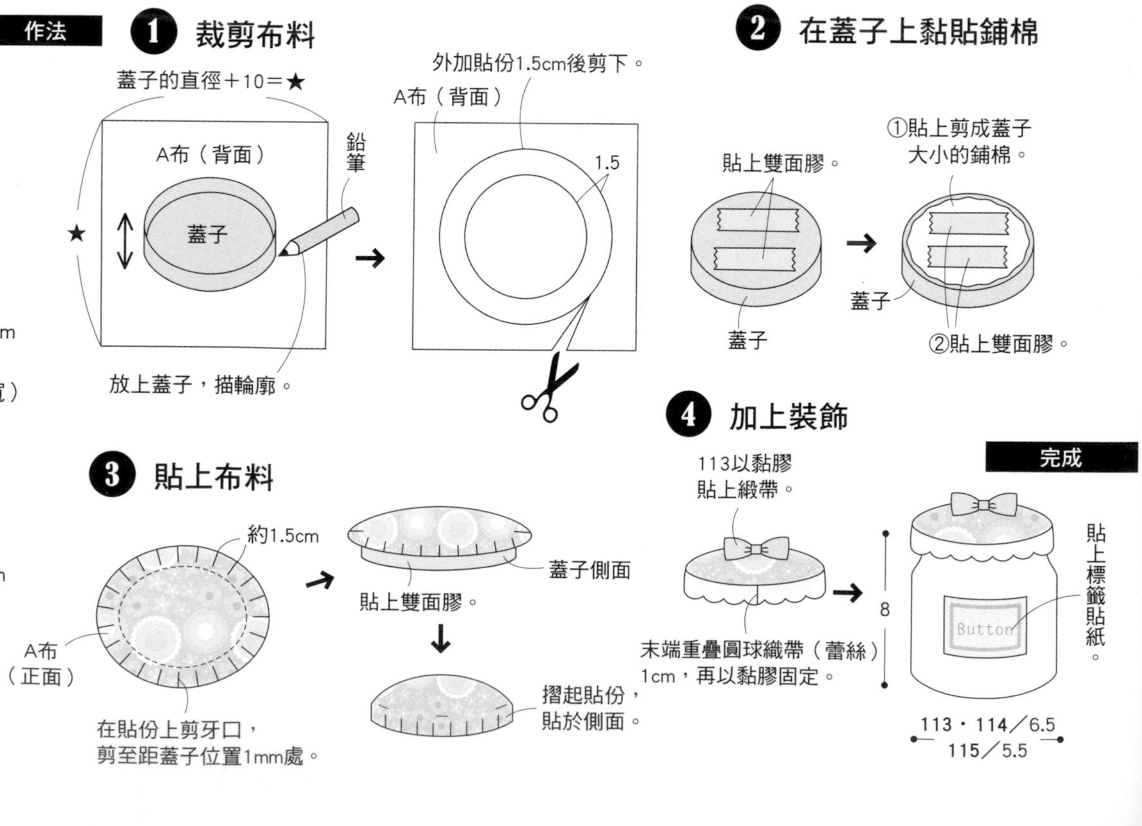

1 裁剪布料
蓋子的直徑＋10＝★
★
A布（背面）
蓋子
鉛筆
放上蓋子，描輪廓。
外加貼份1.5cm後剪下。
A布（背面）
1.5
2 在蓋子上黏貼鋪棉
貼上雙面膠。
蓋子
①貼上剪成蓋子大小的鋪棉。
蓋子
②貼上雙面膠。
3 貼上布料
約1.5cm
A布（正面）
在貼份上剪牙口，剪至距蓋子位置1mm處。
蓋子側面
貼上雙面膠。
摺起貼份，貼於側面。
4 加上裝飾
113以黏膠貼上緞帶。
末端重疊圓球織帶（蕾絲）1cm，再以黏膠固定。
完成
8
Button
貼上標籤貼紙。
113・114／6.5
115／5.5

P.87 116至118

■ 材料（1個）

A布（棉・圖案）⋯1cm寬10cm
木夾（7.5cm）⋯1個

作法

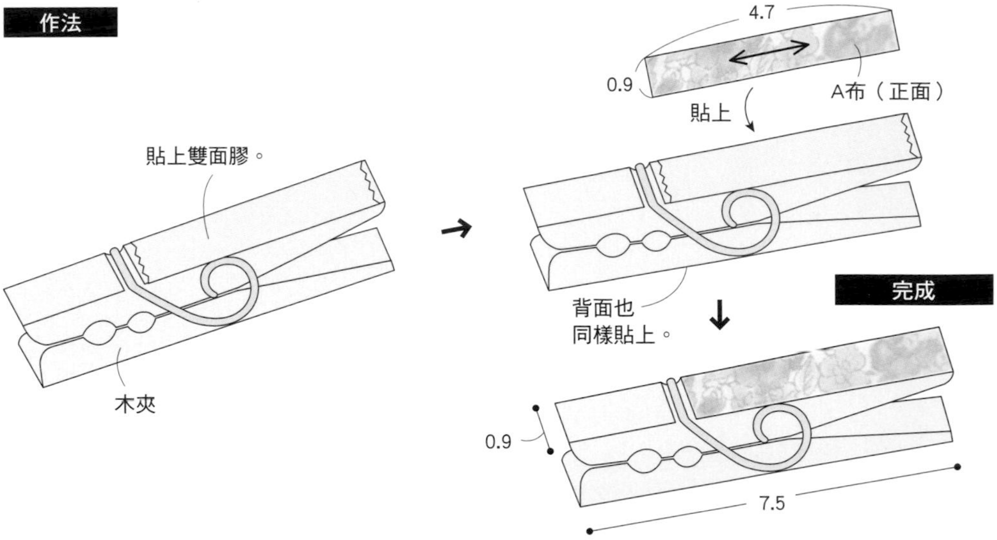

P.87 119

■ 材料

A布至G布（棉・圖案）⋯各10cm寬10cm
鋪棉・厚紙⋯各20cm寬15cm
相框（16cm×12cm）⋯1個

製圖

※□框內的數字為縫份尺寸；
此外，各布料接縫邊的縫份皆為1cm。
鋪棉・厚紙則皆不需縫份。

本體（A布至G布・各1片）
內襯（鋪棉・厚紙・各1片）
（無拼接・裁剪完整1片）

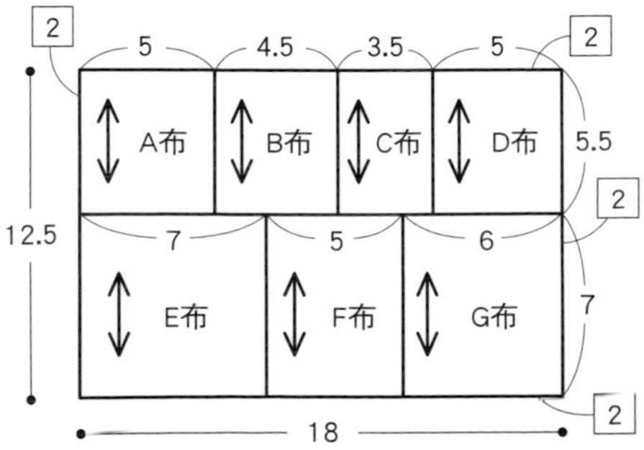

作法

❶ 製作本體

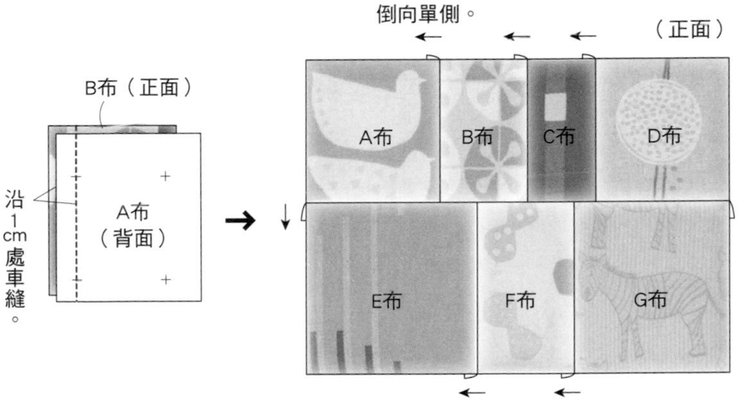

❷ 加上內襯，再以本體布包覆

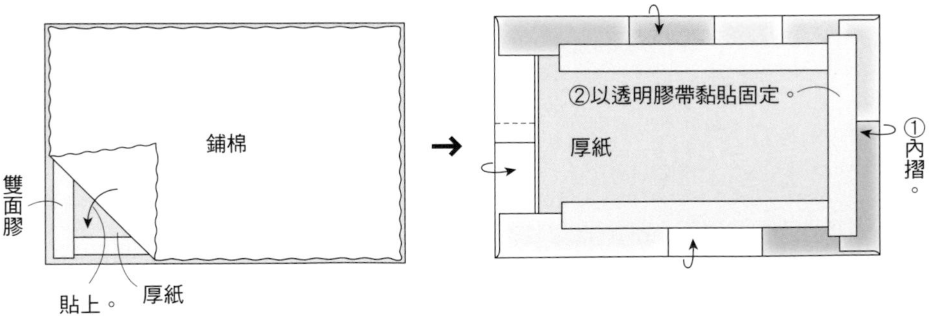

❸ 裝入相框中

完成

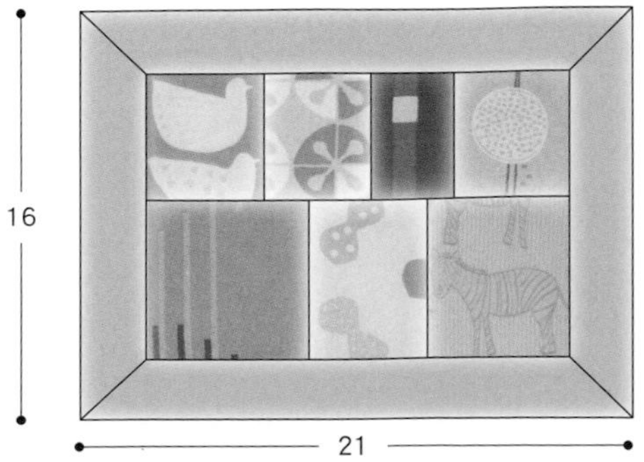

P.47 47至49

原寸紙型A面

■ 材料（1個）

A布（棉・素色）…20cm寬15cm
B布（棉・圖案）…20cm寬15cm
C布（棉・圖案）…20cm寬15cm
接著襯…30cm寬30cm
織帶（1cm寬）…3cm
D型環（1.5cm寬）…1個

紙型 ※接著襯不需縫份。口框內的數字為縫份尺寸。 ⬭=原寸紙型

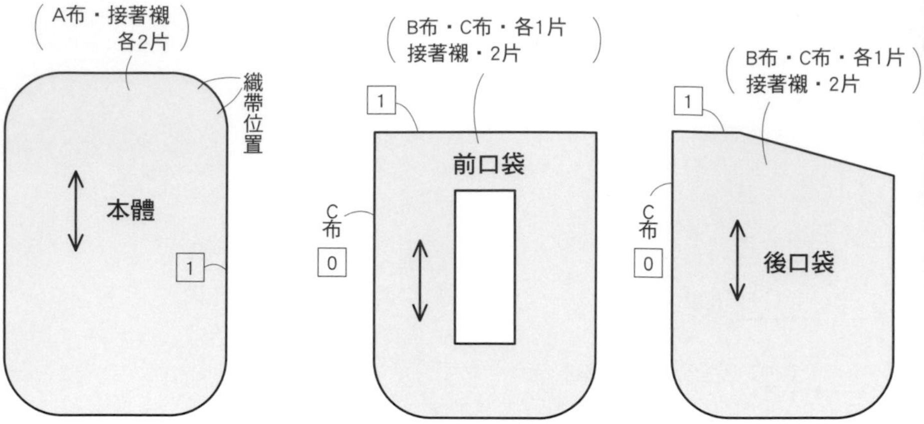

※B布・C布將紙型左右翻面，描畫對稱的輪廓。
接著襯也同樣，準備左右對稱各1片。

作法

1 將各布片貼上接著襯

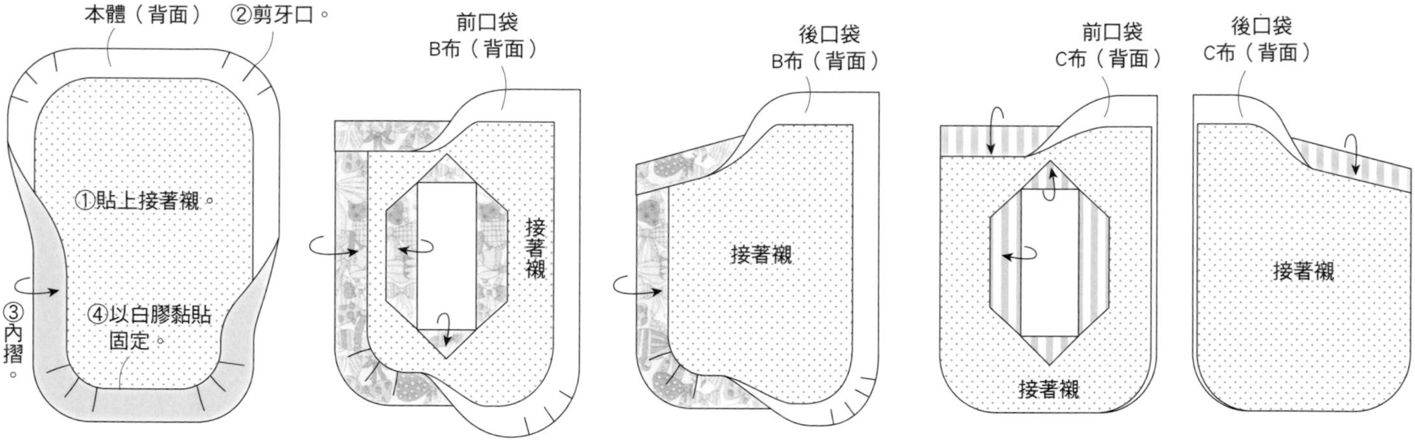

※製作2片。

2 前口袋＆後口袋 各重疊B布・C布後縫合

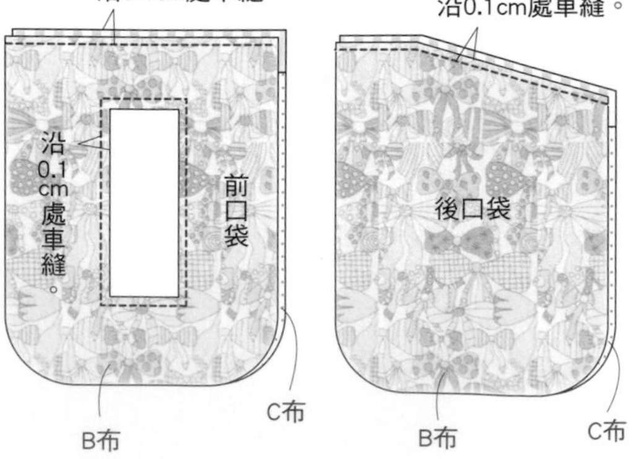

3 將D型環裝在本體上

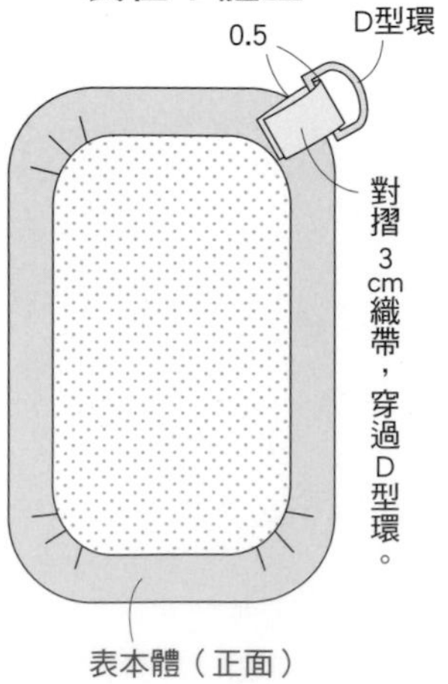

4 重疊各部件後縫合

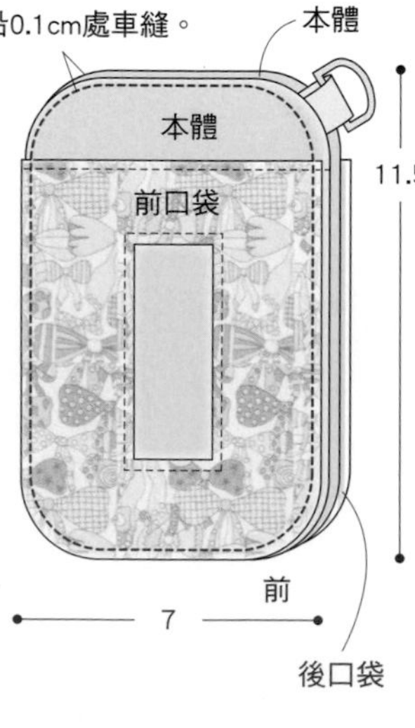

完成

57至59

原寸紙型B面

■ **材料（1個）**

A布（棉・圖案／素色）…7種各10cm寬10cm
B布（丹寧）…5cm寬5cm
皮革…2cm寬2cm
手工藝棉花…適量

紙型

※除指定處外，皆外加0.3cm縫份。

=原寸紙型

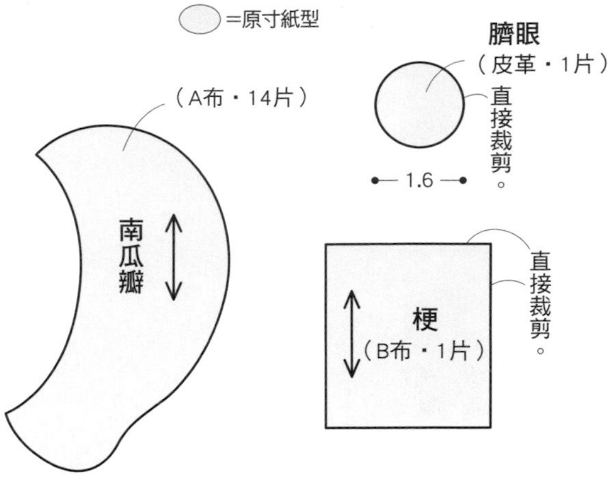

作法

1 縫合南瓜瓣

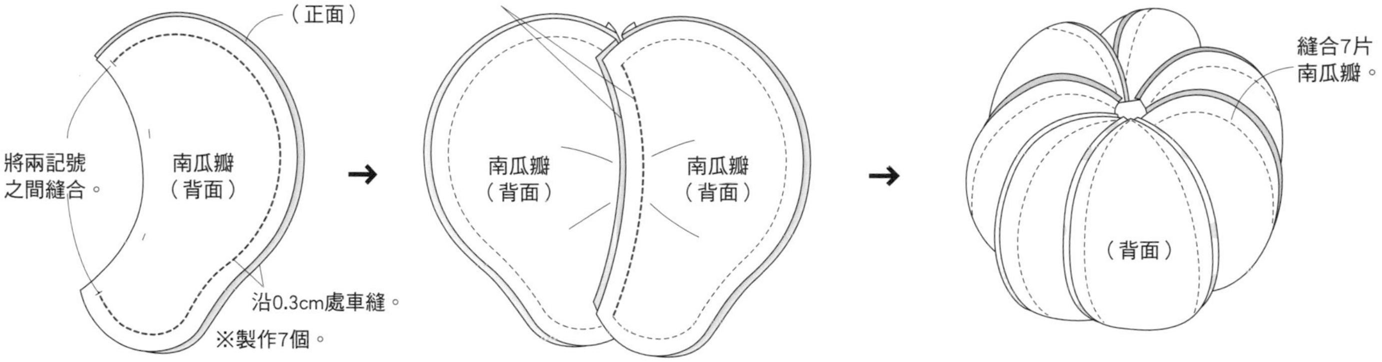

2 翻至正面，填入棉花。

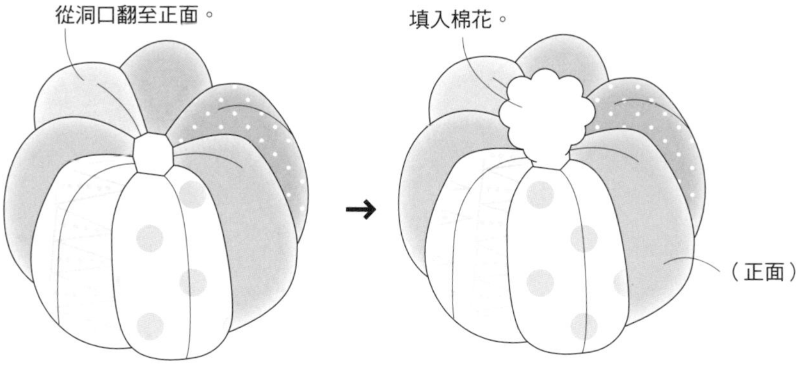

3 加上臍眼

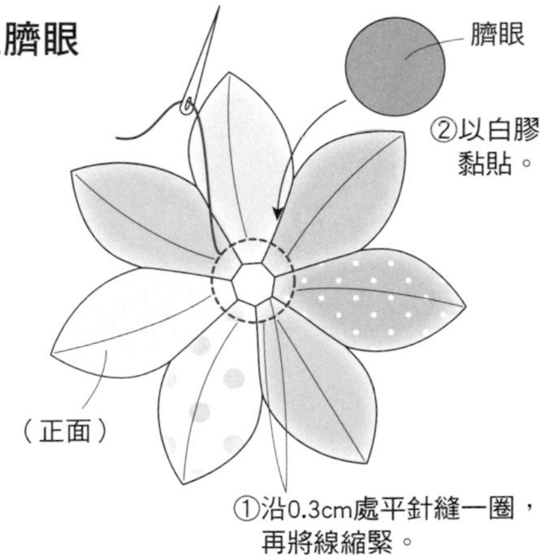

4 製作&加上梗

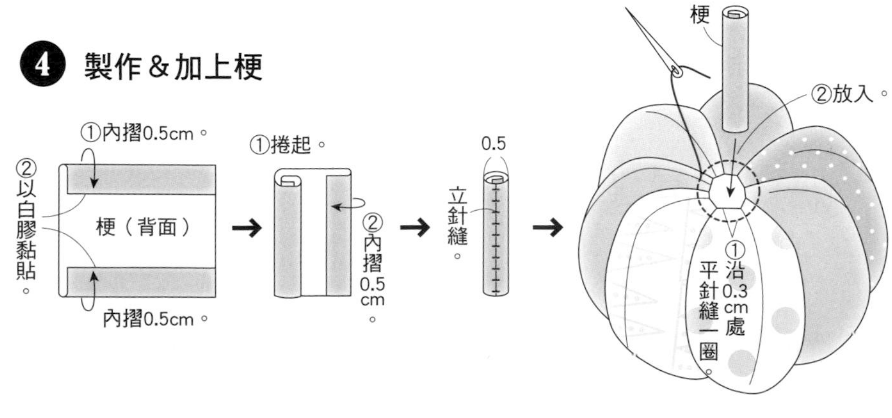

①內摺0.5cm。
②以白膠黏貼。
梗（背面）
內摺0.5cm。
①捲起。
②內摺0.5cm。
0.5
立針縫。
梗
②放入。
①沿0.3cm處平針縫一圈。

完成

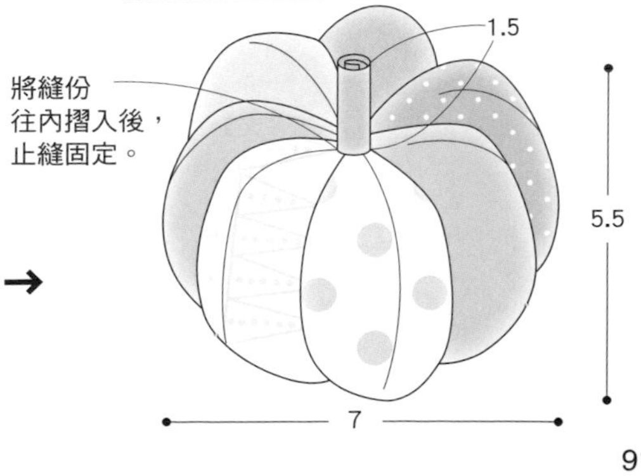

將縫份往內摺入後，止縫固定。
1.5
5.5
7

P.63 67

原寸紙型B面

■ 材料

A布（麻・素色）…10cm寬15cm
B布（棉・圖案）…10cm寬15cm
C布（棉・直條紋）…10cm寬15cm
D布（棉・直條紋）…25cm寬25cm
單膠鋪棉…15cm寬15cm
按釦（0.9cm）…1組

紙型・製圖 ※口框內的數字為縫份尺寸。除指定處外，皆不需外加縫份。 ◯=原寸紙型

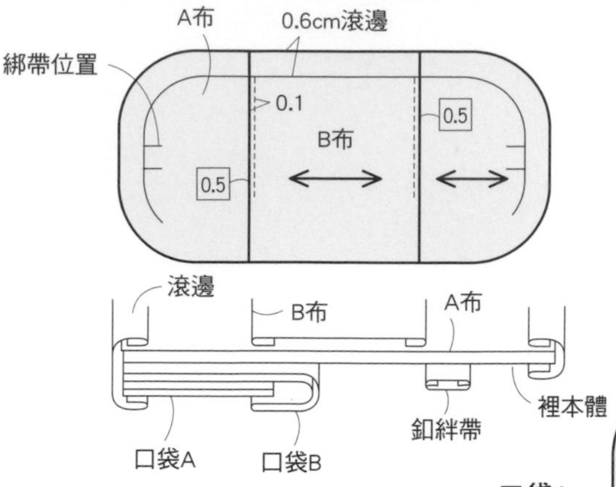

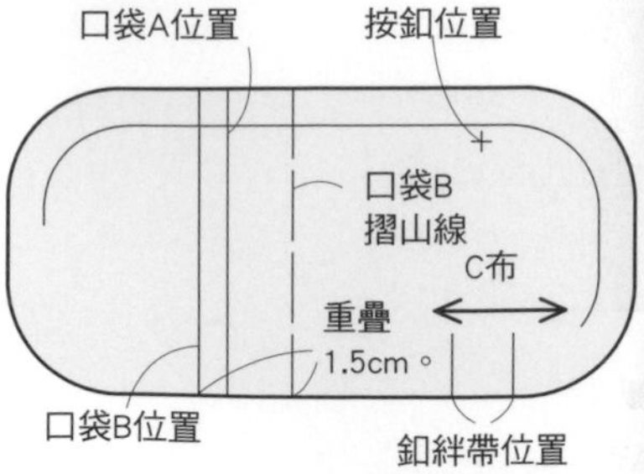

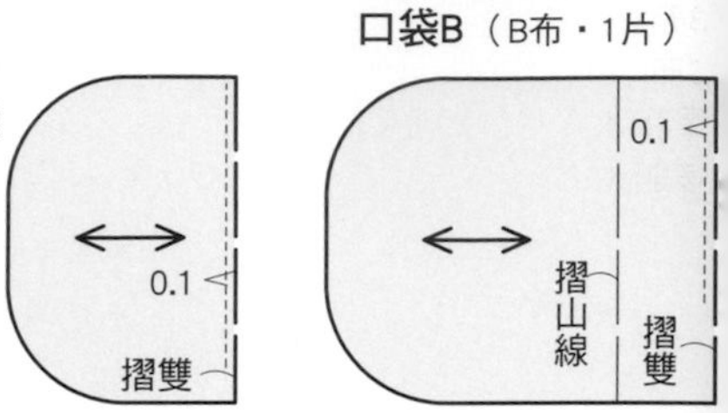

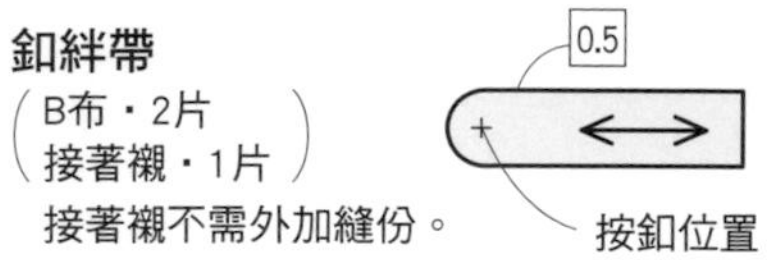

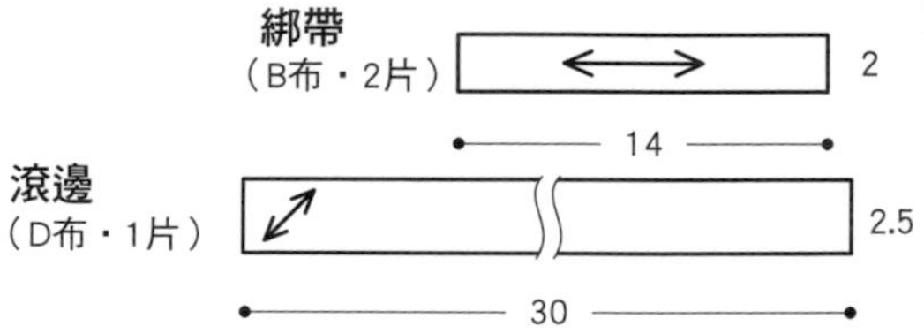

作法

1 製作表本體

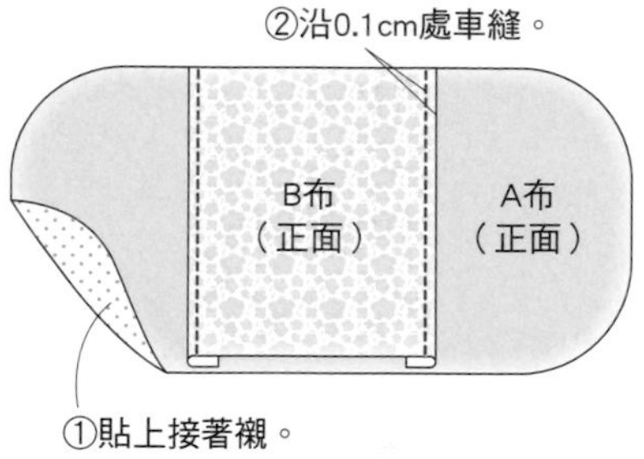

2 製作口袋A・B後重疊

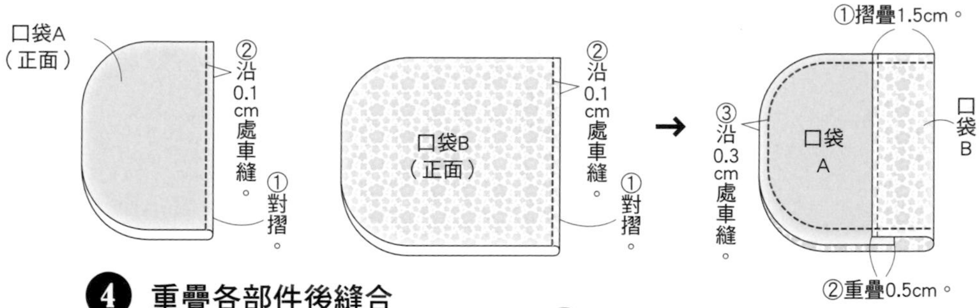

3 製作釦絆帶

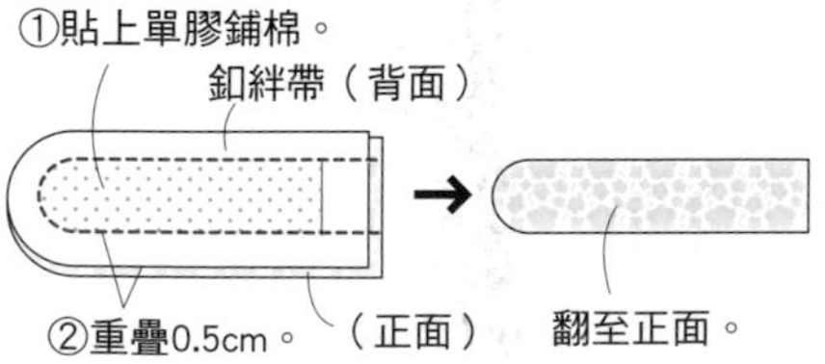

4 重疊各部件後縫合

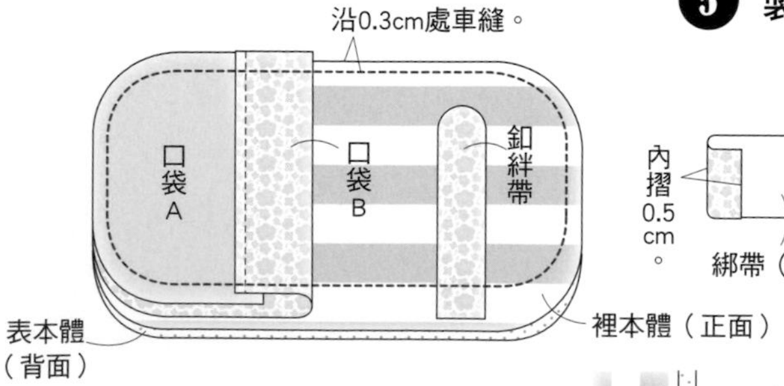

5 製作綁帶

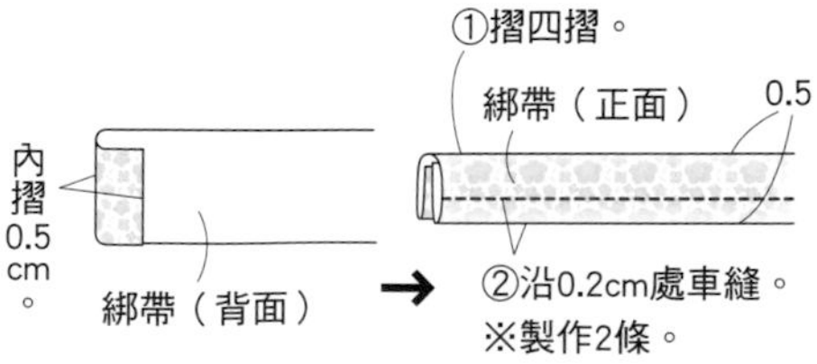

6 縫上滾邊

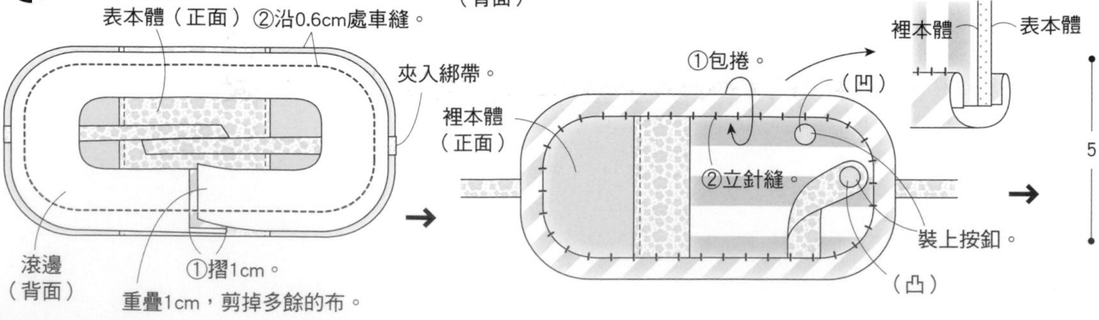

完成

P.66 71

原寸紙型A面

■ 材料

A布（棉・素色）…10cm寬15cm
B布（棉・圖案）…20cm寬15cm
C布（棉・圖案）…10cm寬15cm
單膠鋪棉…20cm寬15cm
按釦（1.2cm）…1組

紙型・製圖 ※除指定處外，皆外加0.7cm縫份。 ◯=原寸紙型

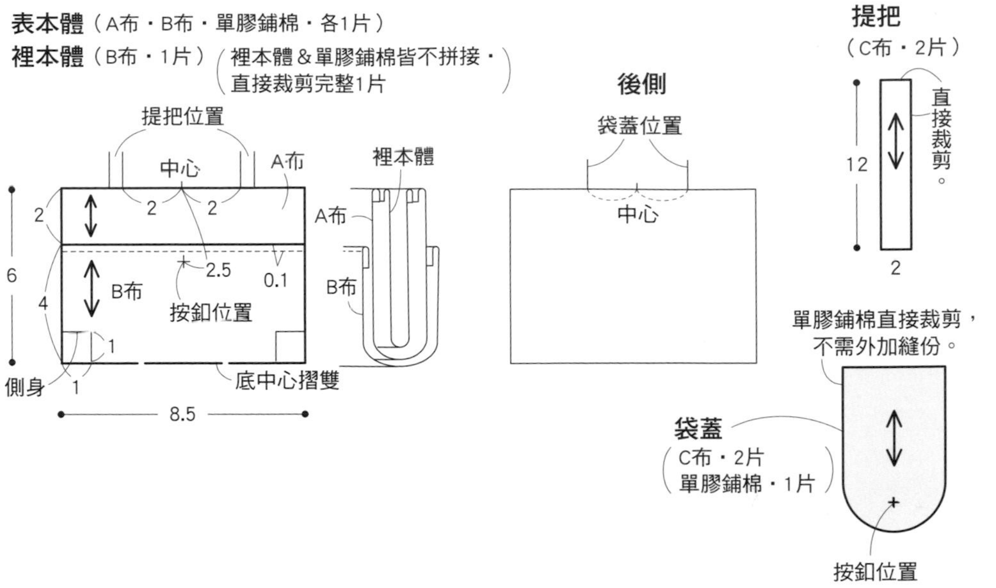

作法

1 製作表本體

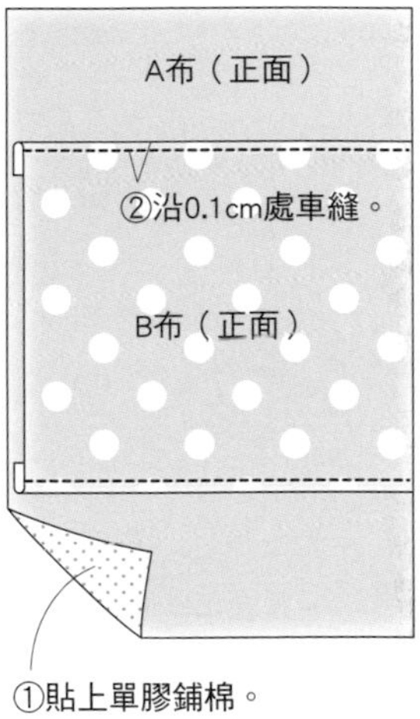

2 製作提把

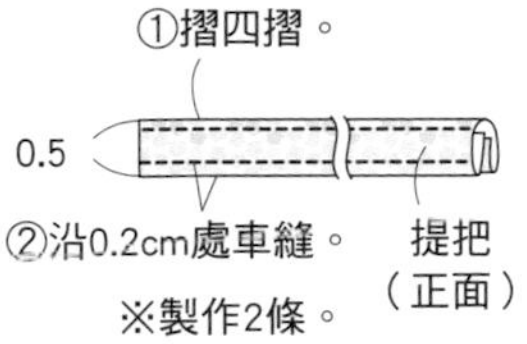

3 製作袋蓋

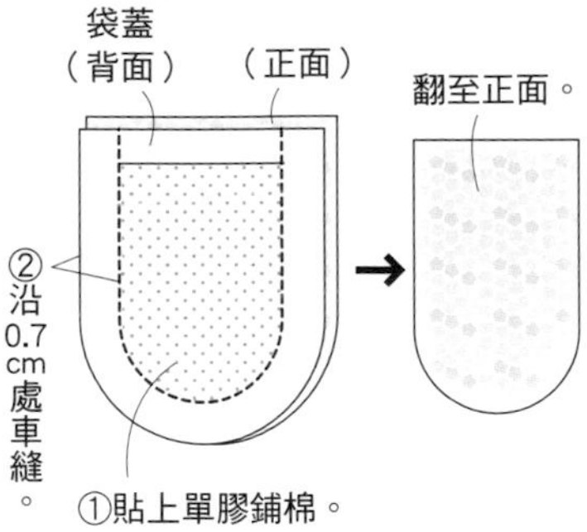

4 縫上提把＆袋蓋

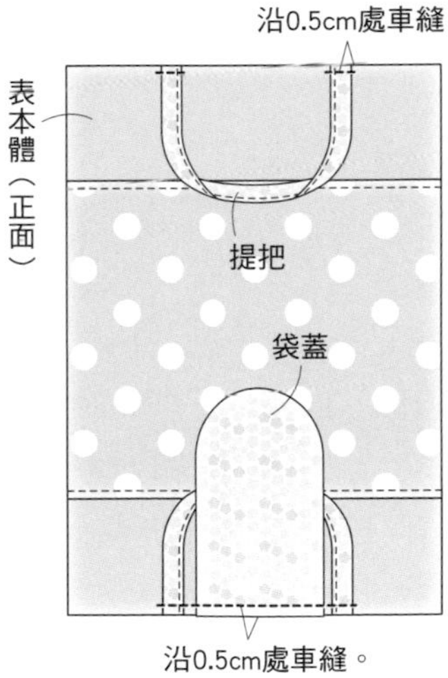

5 疊上裡本體後縫合

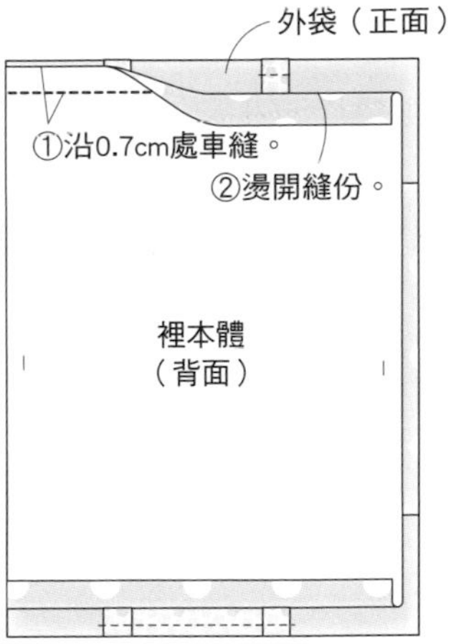

6 縫合脇邊

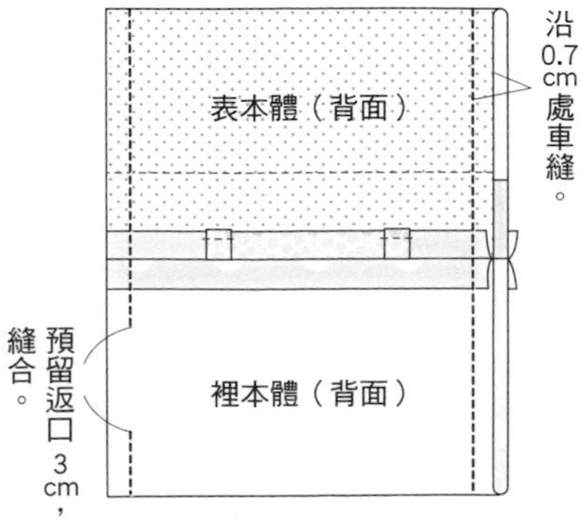

7 縫製側身

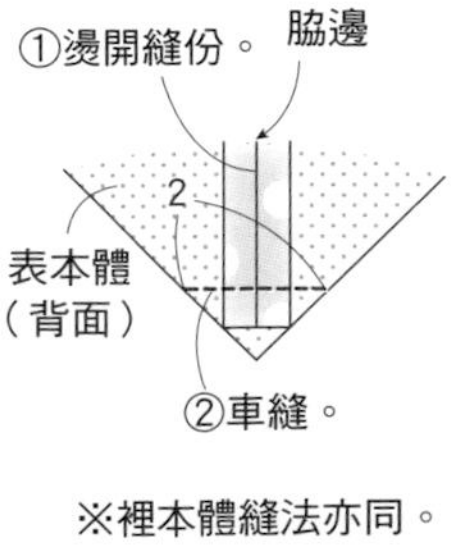

※裡本體縫法亦同。

8 翻至正面，裝上按釦

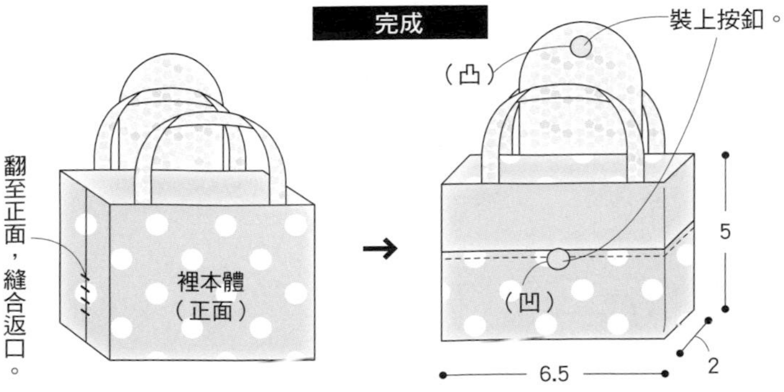

P.79 94・95

原寸紙型B面

■ 材料（1個）

A布（正絹・圖案）…8cm寬8cm
B布（正絹・圖案／素色）…5cm寬5cm 3片
C布（正絹・圖案）…7cm寬7cm 5枚
D布（正絹・素色）…3cm寬3cm
E布（正絹・素色）…7cm寬7cm
94／F布（正絹・素色）…6cm寬6cm 2片
厚紙…10cm×5cm
別針（3cm）…1個
手工藝棉花…適量

紙型

※皆不外加縫份，直接裁剪。

◯=原寸紙型

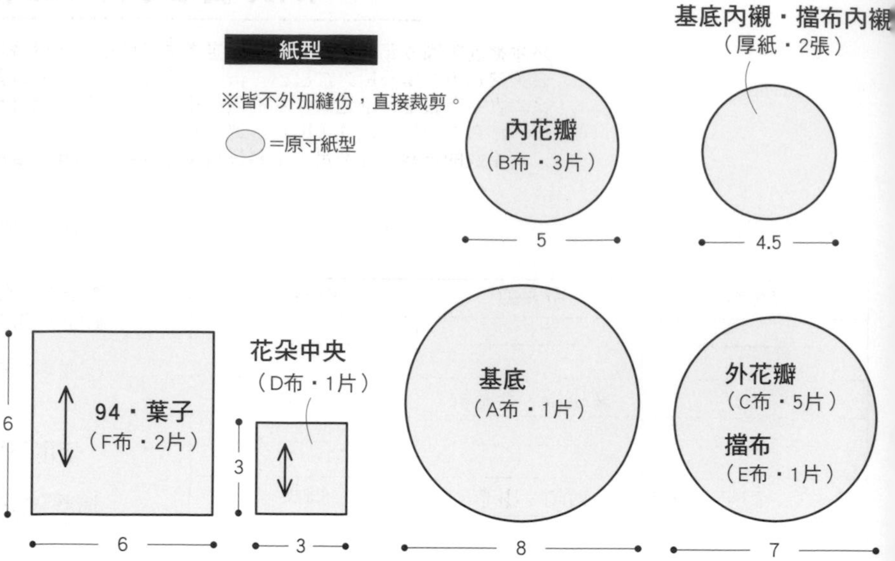

作法

❶ 製作花瓣

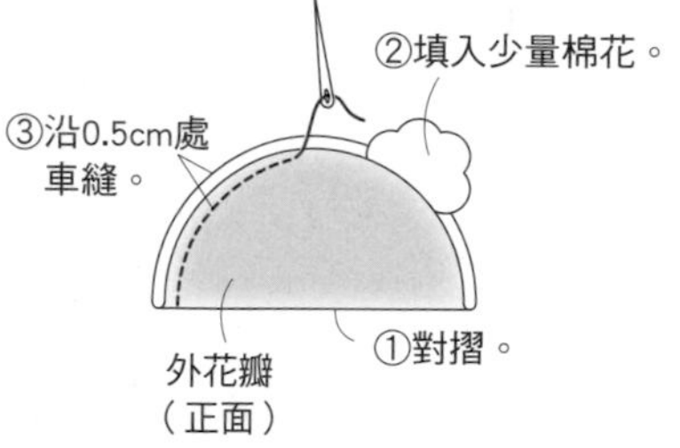

※內花瓣作法亦同。

❷ 將花朵中央縫在基底上

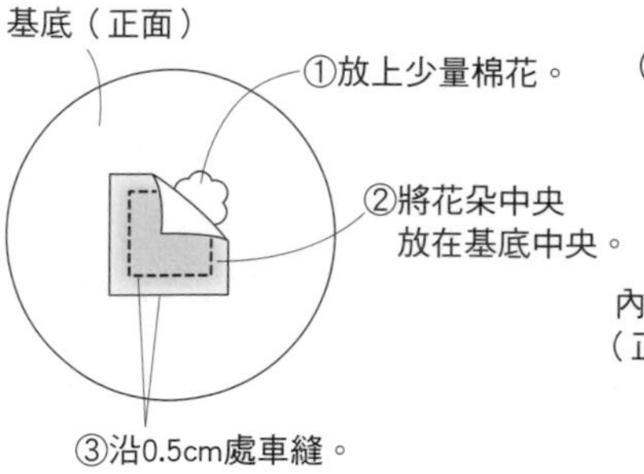

基底（正面）
①放上少量棉花。
②將花朵中央放在基底中央。
③沿0.5cm處車縫。

❸ 縫上內花瓣

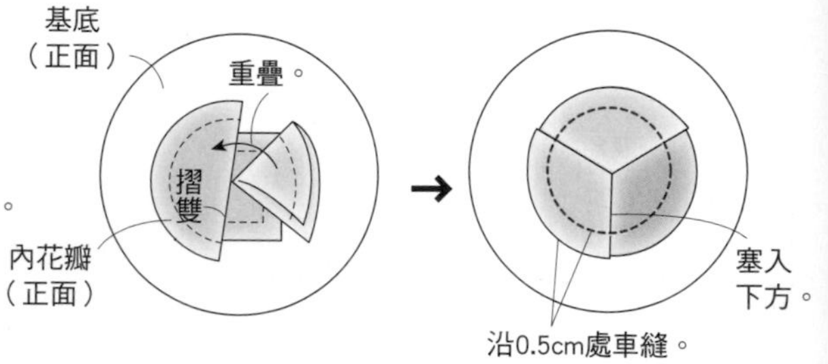

❹ 縫上外花瓣

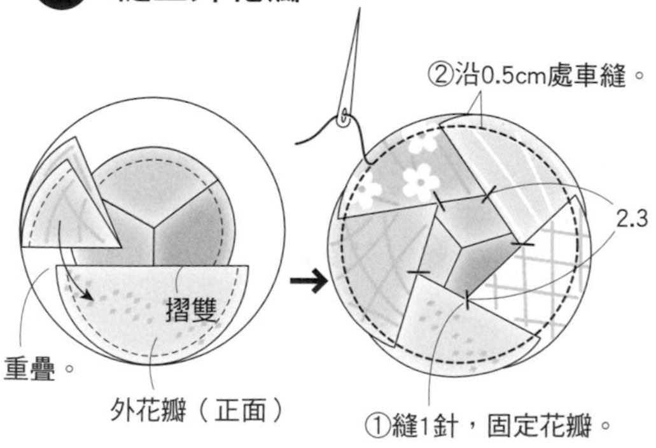

❺ 平針縮縫

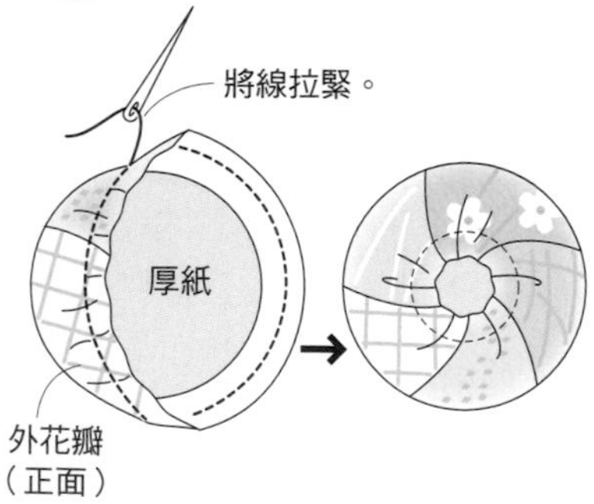

❻ 製作葉子（僅作品94）

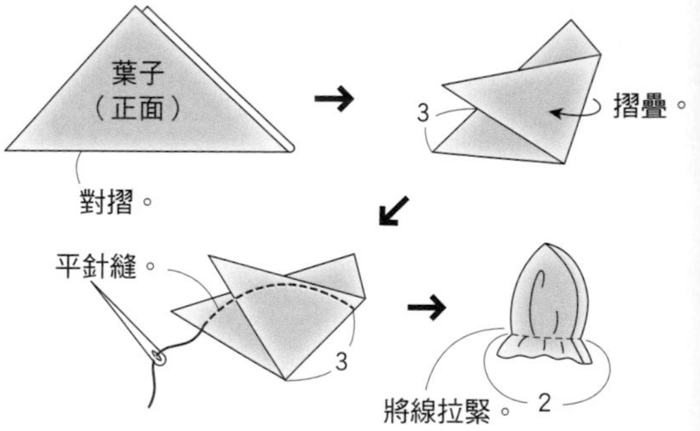

※製作2片。

❼ 縫上葉子

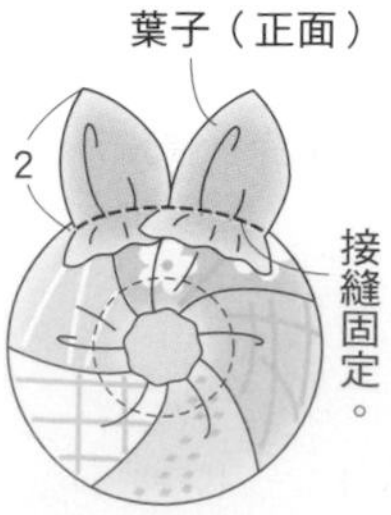

❽ 縫上擋布

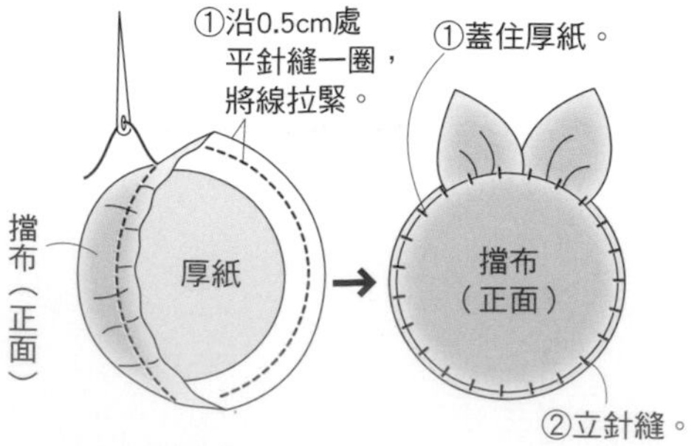

❾ 裝上別針

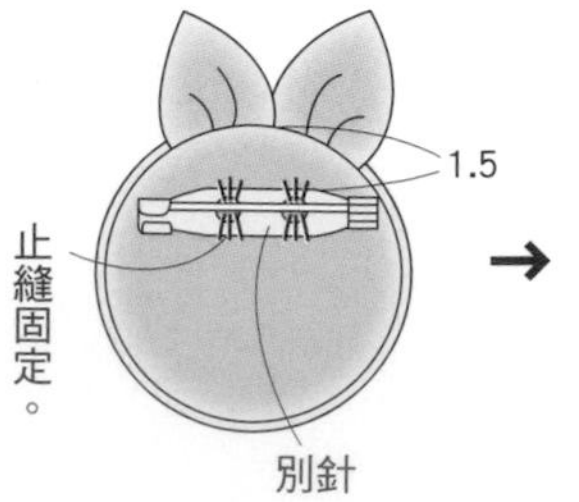

完成

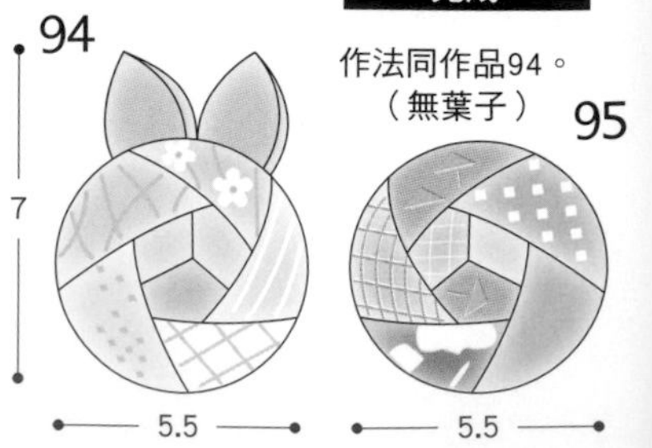

開始製作之前

※本書的製圖＆原寸紙型，不含指定處之外的縫份。請依指示外加縫份後再進行裁剪。
※直接裁剪意指不需外加縫份，依標記尺寸＆紙型輪廓裁剪即可。
※本書所有製圖、紙型、作法的數字單位，除特別指定外皆為cm。
※作法頁中標記的尺寸，即為收錄作品的原尺寸。
若手邊的布料尺寸不足，依喜好拼接上喜歡的布料，自由改造亦可。

製圖記號

完成線	引導線	摺雙線
————	————	— — —
摺山線	車縫線・手縫線	布紋線
— — —	- - - - - - - -	←→
等分線・同尺寸標示	鈕釦・磁釦	按釦
⌒⌒	○	＋

※布紋線的箭頭方向，指的是布料的縱向紋。

車縫

・始縫＆止縫

始縫點＆止縫點皆以回縫加強定。
回縫為在同一道車縫線上來回縫2至3回。

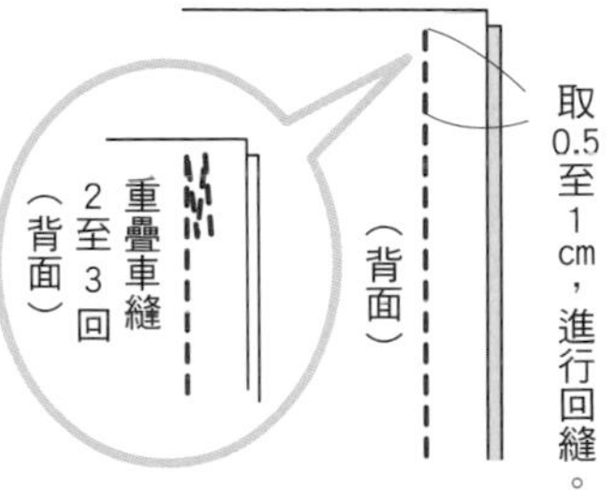

・邊角的縫法 邊角少縫1針，縫至正面時，邊角就會很漂亮。

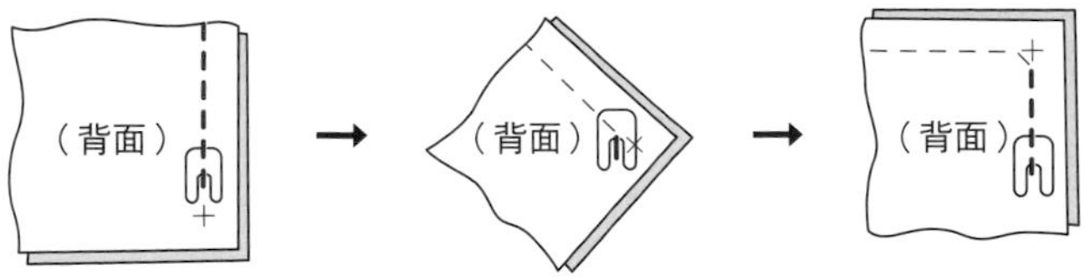

最後1針在入針的狀態下抬起壓布腳，旋轉布料方向。

放下壓布腳，斜縫1針。

在入針的狀態下再抬起壓布腳，旋轉布料方向。

原寸紙型的描圖方式

本書中附有原寸紙型A・B面，請依作法頁指示，找到作品對應的紙型，描圖後再使用。

◯塗色的部分意指有原寸紙型。

・使用不透光紙張描圖時

將紙型放在欲描圖的紙上，
將複寫紙夾在中間，
以點線器沿著紙型線複寫。

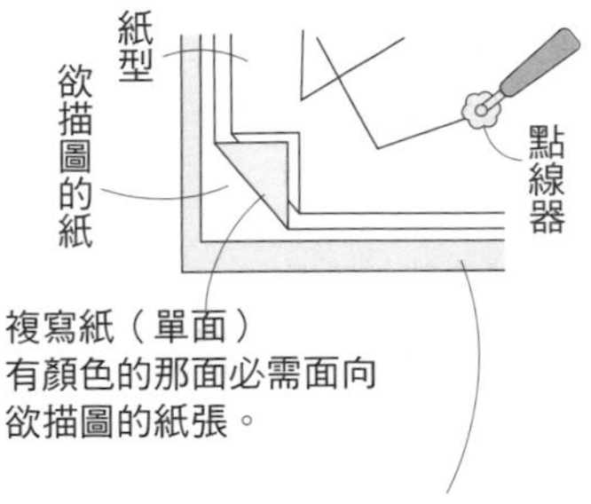

・使用透光紙張描圖時

將透光紙張（薄牛皮紙等）放在紙型上，以鉛筆進行描圖。

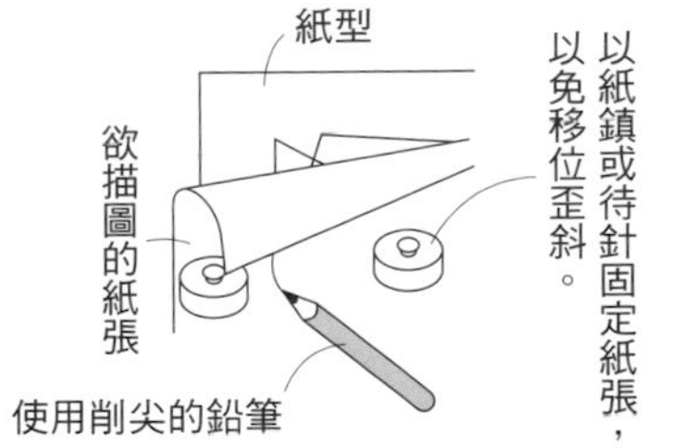

・將本書所附的原寸紙型沿裁切線剪下，在大桌子或地上展開。
・描在其他紙上再使用。
・合印記號、位置、布紋……所有記號都要一併描畫清楚。

手縫 ※以與布料同色的手縫線（1股）進行縫製。

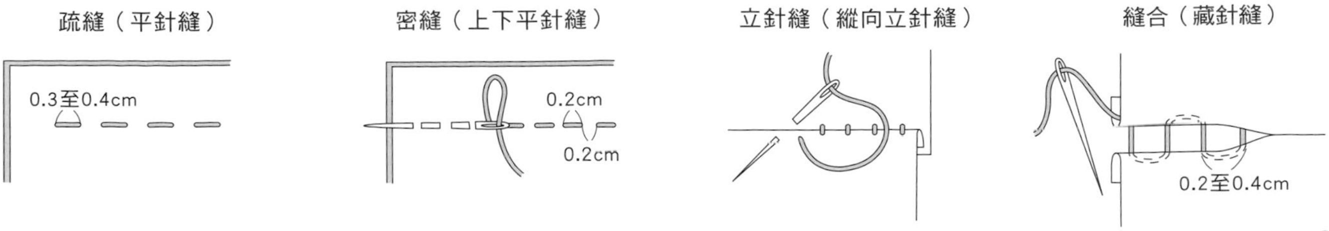

雅書堂文化事業有限公司
22070新北市板橋區板新路206號3樓
facebook 粉絲團:搜尋 雅書堂
部落格 http://elegantbooks2010.pixnet.net/blog
TEL:886-2-8952-4078 · FAX:886-2-8952-4084

輕・布作 24

簡單×好作
初學35枚和風布花設計
(暢銷版)
福清◎著
定價280元

輕・布作 25

從基本款開始學作61款手作包
自己輕鬆作簡單&可愛的收納包
(暢銷版)
BOUTIQUE-SHA◎授權
定價280元

輕・布作 26

製作技巧大破解!
一作就愛上の可愛口金包
(暢銷版)
日本VOGUE社◎授權
定價320元

輕・布作 28

實用滿分・不只是裝可愛!
肩背&手提okの大容量口金包手作提案30選(暢銷版)
BOUTIQUE-SHA◎授權
定價320元

輕・布作 29

超圖解!
個性&設計感十足の94枚可愛布作徽章×別針×胸花×小物
BOUTIQUE-SHA◎授權
定價280元

輕・布作 30

簡單・可愛・超開心手作!
袖珍包兒×雜貨の迷你布作小世界(暢銷版)
BOUTIQUE-SHA◎授權
定價280元

輕・布作 31

BAG & POUCH・新手簡單作!
一次學會25件可愛布包&波奇小物包
日本ヴォーグ社◎授權
定價300元

輕・布作 32

簡單才是經典!
自己作35款開心背著走的手作布
BOUTIQUE-SHA◎授權
定價280元

輕・布作 33

Free Style!
手作39款可動式收納包
看波奇包秒變小腰包、包中包、小提包、斜背包……方便又可愛!
BOUTIQUE-SHA◎授權
定價280元

輕・布作 34

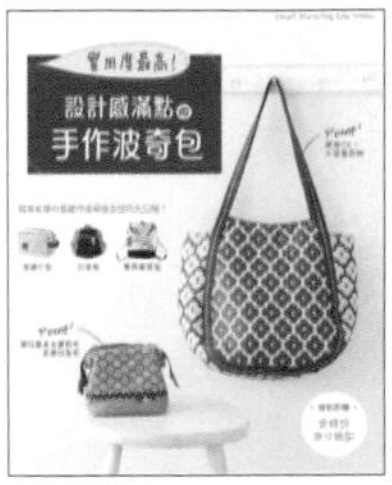

實用度最高!
設計感滿點の手作波奇包
日本VOGUE社◎授權
定價350元

輕・布作 35

妙用墊肩作の
37個軟Q波奇包
2片墊肩→1個包,最簡便的防撞設計!化妝包・3C包最佳選擇!
BOUTIQUE-SHA◎授權
定價280元

輕・布作 36

非玩「布」可!挑喜歡的布,作自己的包
60個簡單&實用的基本款人氣包&布小物,開始學布作的60個新手練習
本橋よしえ◎著
定價320元

輕・布作 37

NINA娃娃的服裝設計80+
獻給娃媽們~享受換裝、造型、扮演故事的手作遊戲
HOBBYRA HOBBYRE◎著
定價380元

輕・布作 38

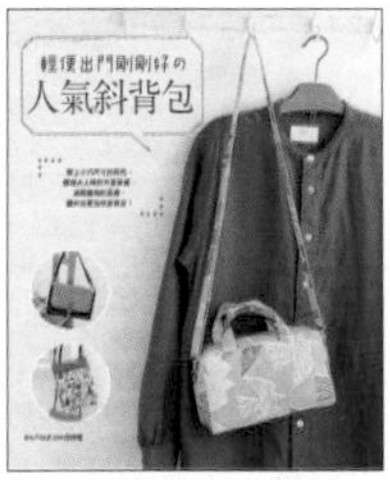

輕便出門剛剛好の人氣斜背包
BOUTIQUE-SHA◎授權
定價280元

輕・布作 39

這個包不一樣!幾何圖形玩創意
超有個性的手作包27選
日本ヴォーグ社◎授權
定價320元

輕・布作 40

和風布花の手作時光
從基礎開始學作和風布花の32件美麗飾品
かくた まさこ◎著
定價320元

輕・布作 41

玩創意!自己動手作
可愛又實用的
71款生活感布小物
BOUTIQUE-SHA◎授權
定價320元

輕・布作 42

每日的後背包
BOUTIQUE-SHA◎授權
定價320元

輕・布作 43

手縫可愛の繪本風布娃娃
33個給你最溫柔陪伴的布娃兒
BOUTIQUE-SHA◎授權
定價350元

輕・布作 44

手作系女孩の
小清新布花飾品設計
BOUTIQUE-SHA◎授權
定價320元

輕・布作 45

花系女子の
和風布花飾品設計
かわらしや◎著
定價320元

輕・布作 46

簡單直裁の
43堂布作設計課
新手ok!快速完成!超實用布小物!
BOUTIQUE-SHA◎授權
定價320元